누구나 쉽게 재배할 수 있는

블루베리
BLUEBERRY

국립원예특작과학원 著

21세기사

블루베리

BLUEBERRY

C o n t e n t s

C o n t e n t s

블루베리

제1장

종류와 재배 현황

01 재배 역사와 분류

재배 역사

북아메리카 대륙 원주민들은 유럽인들이 이주해 오기 오래전부터 야생 블루베리를 과실 및 약용작물로 이용해 왔다. 원주민들은 블루베리가 먹을 것이 없을 때 아이들을 배고픔에서 구해주기 위해 신이 내려준 선물이라고 믿었다. 따라서 블루베리를 생식하거나 음식의 재료 또는 향신료로 이용했으며 건조한 후 오랫동안 보관하며 이용하기도 했다. 과실뿐 아니라 잎과 뿌리는 약 또는 차로 이용했다.

17세기 영국의 필그림(Pilgrim) 청교도로 구성된 초창기 미주 대륙 이주민들은 북동부 지역(현재의 매사추세츠 플리머스, Massachusetts Plymouth)에 자리를 잡았는데 이때 추위와 배고픔 그리고 풍토병 등으로 많은 수의 이주민이 사망했다. 이들을 구한 것은 이 지역 완파노아그(Wanpanoag) 연맹체의 파투셋(Patuxet)족 원주민들이다. 이 원주민들 중 영국에 노예로 끌려갔다가 돌아온 '스콴토(Squanto)'는 영어가 가능해 이주민들에게 옥수수, 보리 등의 재배법과 블루베리, 크랜베리 등의 야생 과실 이용법을 전수해 주었고 이로 인해 이주민들은 신대륙에서 살아남을 수 있었다. 이주민들은 이에 대한 고마움으로 원주민들을 초대해 그들에게 배운 야생 칠면조 요리와 채취한 야생 과실로 축제를 개최했고, 이 축제는 후에 미국의 추수감사절로 발전하였다.

과실의 채집, 건조, 가공, 저장 방법 등을 배운 이주자들은 블루베리 덕에 겨울철 굶주림을 견딜 수 있었다. 또한 원주민이 출산할 때 신경안정제로 블루베리 잎과 뿌리를 볶아 차로 만들어 이용하는 것을 본 이주민들은 노동의 피로를 풀기 위해

이 차를 자주 마셨다. 블루베리 음료는 미국의 남북전쟁과 1, 2차 세계대전 시 병사들의 건강식품으로 많이 이용됐다. 최근에는 블루베리 차에 혈액 정화작용이 있다는 것이 과학적으로 증명됐다.

블루베리가 북아메리카 원주민에 의해 이용된 것은 오래전이지만, 현대적 의미의 과수로 본격 재배되기 시작한 것은 2차 세계대전 이후이며 타 과종에 비해 비교적 신생 과수다. 2002년 미국 '타임(Time)'지가 블루베리를 기능성이 뛰어난 슈퍼푸드로 선정하고부터 전 세계적으로 소비가 급증했다.

현재 블루베리는 미국과 캐나다에서 주로 재배되고 있으며, 최근 동유럽에서도 북아메리카 도입종과 유럽 자생종 재배 면적이 급증하고 있다. 중국, 일본, 우리나라 등 아시아에서도 재배 면적이 증가하고 있다.

분류 및 야생종

블루베리는 진달랫목(*Ericaceae*) 월귤나무아과(*Vaccinioideae*), 산앵도나무속(*Vaccinium*)의 낙엽성, 상록성의 저수고성, 반교목성 과수로 야생종은 북반구의 열대 산악 지대부터 온대와 아한대 지역까지 널리 분포하고 있다.

산앵도나무속은 2개의 아속, 20개의 절에 450여 종이 존재한다. 북반구 선선한 지역에 많이 자생하고, 마다가스카르와 하와이 등의 열대 지역과 우리나라 등 북동부 아시아에도 여러 종이 분포하고 있다. 하이부시, 래빗아이, 로우부시 블루베리 등 주요 재배종 블루베리는 산앵도나무아속(*Vaccinium*) 시아노코쿠스절(*Cyanoccocus*)에 속한다. 미국에서 일부 재배되고 있는 크랜베리(Cranberry, *V. oxycoccos*)는 옥시코쿠스아속(*Oxycoccus*) 옥시코쿠스절(*Oxycoccus*)에 속한다. 유럽에서 주로 재배되고 있는 린곤베리(Lingonberry, *V. vitis-idaea*)는 산앵도나무아속 비티스-아이대이아(*Vitis-idaea*)절에 속한다. 유럽 특산종인 빌베리(Billberry, *V. myrtillus*) 등은 미르틸러스(*Myrtillus*)절이다. 빌베리는 블레이베리(Blaeberry), 호틀베리(Whortleberry), 와인베리(Whinberry) 등으로 불리기도 하며, 블루베리로도 불려 북미의 블루베리와 혼동을 일으키기도 한다.

국가생물종지식정보시스템에 따르면 우리나라에 자생하는 산앵도나무속 식물은 13종이 있다. 옥시코쿠스아속 식물에는 옥시코쿠스절에 넌출월귤(*V. oxycoccus* 크랜베리와 동일, 상록활엽소관목, 함경도 자생)과 애기월귤(*V. oxycoccus* subsp. *microcarpus*, 상록관목, 백두산 일원 자생)이 있으며, 옥시코코이디스아속(*Oxycoccoides*)절에 산매자나무(*V. japonicum*, 낙엽활엽소관목, 제주 자생)가 있다. 산앵도나무아속(*Vaccinium*) 식물에는 브랙테아타절(*Bracteata*)에 모새나무(*V. bracteatum*, 상록활엽관목, 제주 등 남부 도서 자생), 실리아타절(*Ciliata*)에 정금나무(*V. oldhamii*, 낙엽활엽관목, 충청도·전라도·경상도·황해도 자생)와 지포나무(*V. oldhamii* f. *glaucinum*, 낙엽활엽관목, 전국 자생), 블루베리와 같은 시아노코쿠스절(*Cyanococcus*)에 일반명이 붙지 않은 *V. koreanum*(낙엽활엽관목, 전국 산지에 자생), 헤미미르틸러스절(*Hemimyrtillus*)에 산앵도나무(*V. hirtum* var. *koreanum*, 낙엽활엽관목, 전국 자생), 산앵도나무절(*Vaccinium*)에 들쭉나무(hogberry, *V. ulignosum*, 낙엽활엽관목, 한라산·강원도 이북 자생), 굵은들쭉나무(*V. ulignosum* f. *depressum*, 낙엽활엽관목, 한라산·강원도 이북 자생), 긴들쭉나무(*V. ulignosum* f. *ellipticum*, 낙엽활엽관목, 한라산·강원도 이북 자생) 및 산뜰쭉나무(*V. ulignosum* var. *alpinum*, 낙엽활엽관목, 한라산·강원도 이북 자생), 비티스-아이대이아(*Vitis-idaea*)절에 월귤나무(*V. vitis-idaea*, 린곤베리와 동일, 낙엽활엽관목, 강원도 자생) 등이 있다. 들쭉나무는 가장 많이 이용되고 있는 산앵도나무속의 자생종으로 북한에서 천연기념물로 지정돼 있고 이 나무의 과실로 담은 술은 북한의 특산품으로 유명하다.

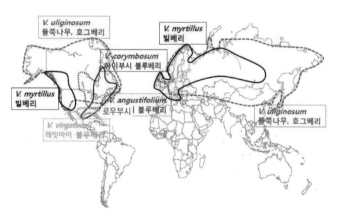

그림 1-1. 산앵도나무속 주요 종의 분포 지역

표 1-1. 산앵도나무속 식물 분류 및 우리나라 자생종

속	아속	절	주요 종
Vaccinium (산앵도 나무속)	*Oxycoccus* (옥시코쿠스아속)	*Oxycoccus*	*oxycoccus* (넌출월귤, 크랜베리) *oxycoccus* subsp. *microcarpus* (애기월귤)
		Oxycoccoides	*japonicum* (산매자나무)
	Vaccinium (산앵도나무아속)	*Batodendron*	*arboreum* (스파클베리)
		Brachyceratium	*dependens*
		Bracteata	*bracteatum* (모새나무)
		Ciliata	*oldhamii* (정금나무) *oldhamii* f. *glaucinum* (지포나무)
		Cinctosandra	*moupinense* (히말라얀블루베리)
		Cyanococcus	*corymbosum* (하이부시 블루베리) *angustifolium* (로우부시 블루베리) *virgatum* (래빗아이 블루베리) *koreanum*
		Eococcus	*fragile*
		Epigynium	*vacciniaceum*
		Galeopetalum	*chunii*
		Hemimyrtillus	*hirtum* *hirtum* var. *koreanum* (산앵도나무)
		Myrtillus	*myrtillus* (빌베리)
		Neurodesia	*crenatum*
		Oarianthe	*ambyandrum*
		Oreades	*poasanum*
		Polycodium	*stamineum*
		Pyxothamnus	*ovatum*
		Vaccinium	*ulignosum* (들쭉나무, 호그베리) *ulignosum* f. *depressum* (굵은들쭉나무) *ulignosum* f. *ellipticum* (긴들쭉나무) *ulignosum* var. *alpinum* (산들쭉나무)
		Vitis-idaea	*vitis-idaea* (월귤나무, 린곤베리)

산앵도나무	산매자나무	정금나무
들쭉나무	모새나무	넌출월귤

그림 1-2. 산앵도나무속의 우리나라 자생종

빌베리	린곤베리	크랜베리

그림 1-3. 산앵도나무의 주요 야생종

02 3대 재배종

산앵도나무속 중 가장 널리 재배되고 있는 종은 블루베리이며, 블루베리는 하이부시(Highbush), 래빗아이(Rabbiteye), 로우부시(Lowbush) 블루베리로 나눌 수 있다.

표 1-2. 재배종 블루베리의 특성

블루베리의 종류 영명 [학명]	특성			
	자생지	토양 조건	수체	과실 및 생산지
로우부시 블루베리 [V. angustifolium Michaux] [V. myrtilloides Aiton]	미국 북동부와 캐나다 동부에 자생	황무지, 크고 작은 돌이나 바위 등으로 이루어진 구릉지와 평지	수고는 평균 15~40cm 정도의 저목	야생 과실의 채취가 많음, 주로 가공용, 미국 메인주와 캐나다 동부
하이부시 블루베리 [V. corymbosum L.] [V. australe Small]	미국 플로리다주 북부로부터 메인주 남부와 미시간주 남부에 걸쳐 자생	유기질이 풍부한 사질토, 수분이 많은 토양	수고는 1.5~3.0m	과실이 크고 품질은 우수, 미국 미시간주, 뉴저지주
래빗아이 블루베리 [V. virgatum] [V. ashei Reade]	미국 남동부의 평지와 삼림의 가장자리에 자생	하이부시 블루베리보다 토양 적응성이 높음	수세가 강함 수고는 3.0m 이상	품질 우수, 미국 조지아주, 노스캐롤라이나주

주) Eck, P. and N.F. Childers. 1996. Blueberry culture, Eck, P. 1988. Blueberry

로우부시(Lowbush) 블루베리
V. myrtilloides (Michaux), V. angustifolium

일명 야생 블루베리라고 불리며, 미국 북동부에서부터 캐나다 동부 여러 주에 걸쳐 넓게 자생한다. 고원지대에서 키가 15~40cm로 자라며 지하경에 의해 퍼져나간다. 과실은 7~9월 사이에 수확한다.

미국에서는 오래전부터 원주민에 의해 생과 혹은 건조 과일로 이용되었고 특히 건조 과일은 동절기에 비타민류의 섭취원이었다.

가. 관리

재배되는 블루베리는 아니지만 나무의 건전한 생육과 안정된 과실 수량을 얻기 위해 시비, 관수, 병해충 방제, 제초, 전정(2년마다 태우는 독특한 방법) 및 개화 기간 중 화분매개곤충을 이용해 결실률을 높이는 등의 관리를 하고 있다.

그림 1-4. 로우부시 블루베리나무 및 과원

나. 자(야)생지

야생 로우부시 블루베리의 과실을 채집하는 면적은 미국과 캐나다를 합쳐 약 70,000ha(2012년)에 달한다. 그러나 야생 블루베리는 전정을 따로 하지 않고 2년에 한 번 불로 태워 전정을 대체하기 때문에 면적의 절반은 미결실 나무가 된다.

수확은 주로 레이크(인력 수확기)를 사용하거나 트랙터 부착 자동수확기로 한다. 채집 후 미숙과, 가지, 잎을 선별하는 선과 과정을 거쳐 동결 과실을 만들어 각종 블루베리 식품으로 가공한다.

그림 1-5. 로우부시 블루베리 수확 레이크(좌)와 트랙터 부착 자동수확기(우)

주) http://1.bp.blogspot.com

다. 가공 원료

블루베리 식품으로 유통되고 있는 잼, 주스, 과자류, 와인 등의 원료의 대부분은 로우부시 블루베리 과실이다. 즉 로우부시 블루베리 과실로 블루베리의 식품산업이 운영되고 있다고 말할 수 있다. 동결 과실 자체를 가공 원료로 외국에 수출하기도 한다. 또한 일부 로우부시 블루베리 동결 과실이 생식용 야생 블루베리 과실로 유통되기도 한다.

하이부시(Highbush) 블루베리(*V. corymbosum* L, *V. australe Small*)

미국의 남쪽 플로리다주에서 북쪽 메인주까지, 캐나다 온타리오주에서 미시간주 남부에 이르기까지 자생한다.

식물체의 키는 1.5~3.0m까지 자란다. 유기물이 풍부한 배수가 좋은 토양에서 잘 자라며, 과습과 건조에 매우 민감하다

과실의 품질이 뛰어나 세계적으로 가장 널리 재배되고 있는 종류다. 따라서 미국을 비롯한 세계 각국의 육종 프로그램에 의해 만들어진 신품종의 대부분이 하이부시 블루베리다.

하이부시 블루베리는 북부(Northern Highbush), 남부(Southern Highbush) 및 반수고(Half Highbush) 그룹으로 나눌 수 있다. 이 중 가장 널리 재배되고 있는 것은 북부 하이부시 그룹이다.

남부 하이부시 블루베리는 북부 하이부시 블루베리 그룹을 재배하기에는 온도가 높은 지역에서 재배하기 위해 플로리다주에서 자생하는 상록성 블루베리종인 다로위종(*V. darrowi*)을 북부 그룹과 교배해 육성한 종류다. 재배 지역이 남부에 한정되므로 북부 그룹이나 래빗아이 블루베리만큼 널리 보급되고 있지는 않다.

반수고 하이부시 블루베리는 내한성이 강한 로우부시와 품질이 우수한 하이부시 블루베리를 교배해 육성한 종류다. 그러므로 겨울이 아주 추운 북부 지역에서도 재배가 가능할 뿐만 아니라 나무의 크기가 로우부시보다 크고 하이부시보다 작은 1.0~1.5m이므로 재배 관리도 편리하다. 나무의 크기와 폭이 작아 과실 수량이 많지 않으므로 밀식재배로 단위면적당 초기 수량을 높이는 방법으로 재배한다.

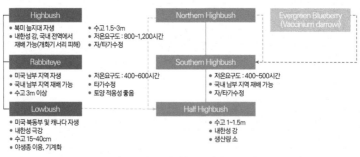

그림 1-6. 블루베리 종류 및 주요 특성

래빗아이(Rabbiteye) 블루베리(*V. virgatum, V. ashei Reade*)

래빗아이 블루베리는 미국 남동부 여러 주의 강 유역과 삼림 지대의 가장자리에 자생하고 있는 것을 개량한 것이다. 내한성이 약하므로 겨울이 따뜻한 지역에서만 재배가 가능하다. 하이부시 블루베리보다 고온건조에 훨씬 강하다.

수세 역시 하이부시 블루베리보다 강하며 수고는 3m 이상이다. 상업적으로 재배되고 있는 품종들은 야생종을 선발하거나 교잡을 통해 육성된 것들이다.

표 1-3. 하이부시와 래빗아이 블루베리의 특성 비교

블루베리 종류	수체					과실					뿌리·토양 조건			
	수세	수형	수고(m)	가지의 신장(발육지)	저온요구도	크기	품질	저장성	수량	성숙기	뿌리	수분	내건성	생육 최적 pH 범위
하이부시 블루베리	중간	직립	1.5~3m	중간	높음	대	우수	양호	많음	6월 상순~7월 하순	수염뿌리, 천근성 강함	가장 좋아함	약함	4.3~4.8
래빗아이 블루베리	강함	직립	3m 이상	강함	낮음	중	우수	우수	극히 많음	7월 상순~9월 하순	수염뿌리, 천근성 중간	좋아함	약함	4.5~5.3
기타 과수와 차이점	포기 밑에서 강한 발육지, 지하를 기다가 신초가 발생해 포기로 되기 때문에 정지, 전정법이 다르다.					하이부시는 장마기, 래빗아이는 한여름에 수확하므로 저장성이 떨어지는 등의 문제점이 있다.					블루베리 뿌리는 세근이 없기 때문에 양수분 이용 효율이 상대적으로 낮다. 또한 다른 과수와 비교하여 더 낮은 산도를 요구하며, 배수에 매우 민감하다			

주) Eck, P. and N.F. Childers. 1996. Blueberry culture; Eck, P. 1988. Blueberry science 및 千葉縣農業大學校(千葉縣東金市家之子); ブルーリー~栽培から利用加工まで~(日本ブルーリーベリー協會編, 創森社) 등

03 세계의 재배 및 교역 현황

재배 현황

블루베리는 타 작목과 비교하여 재배 역사 짧은 편이다. The International Blueberry Organization(IBO)에 따르면 2016년 전 세계 총 생산량은 약 861 천 톤이며, 이중 하이부시 생산량은 약 655천 톤이고, 나머지 야생 블루베리라고 칭하는 로우부시가 206천 톤을 생산하는 것으로 보고되고 있다.

2005년 이후 급속하게 증가하고 있는 블루베리 생산량은 북미와 남미 그리고 유럽이 중심이 되고 있다. 북미 지역의 생산량은 전 세계 블루베리 생산량의 약 61%를 차지하는 약 44만 톤(2017년)이었으며 지역별로는 브리티시 콜롬비아가 북미 지역 총 생산량의 14%인 약 61천 톤을 생산하였고, 워싱턴(53천 톤), 오래곤(49천 톤), 미시건(40천 톤) 그리고 캘리포니아(28천 톤)가 뒤를 잇고 있다.

남미 지역 역시 생산량이 꾸준하게 증가하고 있으며, 2016년 약 162천 톤으로 2012년 대비 약 32%가 증가하였다. 대표적인 생산국으로는 칠레를 들 수 있으며 2012년 100천 톤의 생산량이 2016년 125톤으로 약 25%가 증가하였다.

유럽의 경우 스페인과 아르헨티나 그리고 폴란드가 주축을 이루고 있으며, 2016년 각각 30, 18 그리고 16천 톤을 생산하고 있는 것으로 보고되고 있다.

아시아에서는 중국이 약 22천ha에서 28천 톤을 생산하여 2012년 대비 약 147%가 성장한 것으로 보고되고 있다 .

표 1-4. 대륙별 블루베리 재배 면적과 생산량(2016)

대륙	재배 면적(ha)	생산량(천 톤)
북미	65,720	348.3
남미	23,264	162.1
유럽	16,043	80.1
지중해 · 북 아프리카	1,412	12.5
사하라 이남 아프리카	1,040	3
아시아 · 태평양	27,859	49.1
합	135,338	655

주) FAO 통계

수출입 동향

2012년 FAO 통계에 따르면 블루베리는 세계적으로 136,696t, 6억 4,000만 달러 규모가 국제 무역(수입)으로 유통됐다. 생산량과 무역량의 편차는 생산 현황 통계조사가 미흡하기 때문으로 판단된다.

블루베리 수출은 약 15개 국가에서 이루어지는데 칠레가 87,000t으로 가장 많고 이어서 미국이 45,182t을 수출했다.

유럽에서는 네덜란드, 폴란드, 스페인이 수출을 하며 아시아에서는 중국이 유일하게 140t을 수출했다.

수입은 미국이 약 96,367t으로 세계에서 가장 많고 이어 캐나다가 13,619t을 수입해 이들 두 국가가 수입을 가장 많이 하고 있다.

표 1-5. 국가별 블루베리 수출입 동향 (2012)

수출		수입	
국가명	수출량(t)	국가명	수입량(t)
칠레	87,000	미국	96,367
미국	45,182	캐나다	13,619
캐나다	29,713	독일	6,621

수출		수입	
국가명	수출량(t)	국가명	수입량(t)
폴란드	6,564	영국	3,873
스페인	6,299	프랑스	3,400
네덜란드	5,390	네덜란드	2,499

주) FAO 통계

04 지역 및 나라별 재배 현황 및 특성

우리나라

우리나라에 블루베리가 최초로 도입된 시기는 1960년대로 원예시험장(현 국립원예특작과학원)에서 새로운 과종 개발을 위해 미국에서 도입했으며, 그 후에도 꾸준히 신품종이 도입되어 1990년대 초까지 품종 특성에 대한 조사가 이루어졌다. 그러나 농산물 무역자유화 대응 일환으로 주 작목에 대한 연구가 강화되면서 신생 과수인 블루베리에 대한 연구가 중단되었다. 이후 2000년대에 블루베리가 전 세계에서 기능성 과수로 각광받으면서 국내 일부 학자들이 관심을 갖고 도입한 블루베리 품종을 시험재배하기 시작했으며, 거의 동시에 일부 농가들에 의해 상업적인 재배가 시도되었다.

2007년에는 재배 면적이 2.4ha에 불과하였으나 2011년 약 1,082ha, 2015년 약 2,305ha, 2016년 4,270ha로 증대된 것으로 조사되었다. 지역별 재배 면적은 전북이 811.9ha로 가장 많았으며 전남(543.9ha), 경기(541.8ha), 경북(527.4ha), 충북(428.5ha), 충남(425.3ha), 경남(413.0ha) 순으로 많이 재배되고 있다.

국내에서 재배되는 블루베리 품종인 '듀크'는 가장 많은 약 400ha에서 재배되며 '노스랜드', '블루크롭', '오닐', '스파르탄', '패트리어트' 등도 많이 재배된다. 이외에도 약 100품종 정도가 재배되고 있는 것으로 추정된다.

재배 형태는 방조망 시설을 갖춘 노지재배가 약 1,895ha로 56.7%를 차지하며, 일부는 비가림재배(약 137ha) 및 시설하우스(약 123ha)재배를 하고 있다. 시설하우스의 경우 경남, 전남, 충남 등 일부 지역에서는 가온재배로 출하 시기를 앞당기고 있다.

표 1-6. 우리나라 지역별 블루베리 재배 면적 및 농가 수(2016)

도별	재배 면적(ha)	농가 수(호)
합계	4,270	20,061
전북	811.9	3,212
전남	543.9	2,039
경기	541.8	2,951
경북	527.4	2,321
충북	428.5	2,032
충남	425.3	2,076
경남	413.0	2,324
강원	305.3	1,390
제주	88.6	311
기타	184.3	1,405

주) 농림축산식품부 농업경영체 등록 정보 조회 서비스

표 1-7. 국내 블루베리 경영체 등록 현황(2019)

구분	0.1ha미만	0.1~0.3ha	0.3~0.7ha	0.7~1.5ha	1.5~2.0ha	3.0ha이상	합계
농가 수(명)	10,565	7,031	2,584	549	67	6	20,802
재배 면적 (ha)	425	1,221	1,117	515	131	37	3,446
관련 농가 수의 평균 재배 면적 (평)	121	521	1,297	2,814	5,866	18,500	497

주) 농림축산식품부 농업경영체 등록 정보 조회 서비스

표 1-8. 우리나라 블루베리 재배 형태별 현황(2015)

도별	총계		노지재배		비가림		시설하우스			
							가온		무가온	
	면적	농가 수	면적	농가 수	면적	농가 수	면적	농가 수	면적	농가 수
	2,305 (100%)	6,637 (100%)	1,895 (82.2)	5,261 (79.3)	179.7 (7.8)	614 (9.3)	25.7 (1.1)	73 (1.1)	216.4 (0.9)	689 (1.0)
전북	479.4	1,858	422.9	1,634	25.7	93	30.8	131	0.3	1

전남	311.7	761	260.8	568	10.4	53	40.5	140	1.5	4
경북	266.5	582	215.8	471	29.3	64	21.3	47	0.3	1
충남	253.6	637	222.4	541	18.0	57	13.2	39	0.2	1
경기	254.4	663	202.3	504	14.3	45	37.8	114	4.1	10
경남	248.1	666	202.0	542	4.4	16	41.7	108	7.6	15
충북	205.9	632	130.6	353	66.0	244	9.3	35	1.5	5
강원	140.6	438	125.4	380	7.8	26	7.4	32	0.6	3
제주	35.5	129	18.2	63	1.3	4	16.0	62	6.6	23
기타	109.1	271	94.3	205	2.5	12	12.3	54	3.0	10

주) 농촌진흥청 행정통계(전국 농업기술센터 조사, 2015년 가을 재식 예정면적 포함)

재배 양식은 일반재배 1,092ha, 무농약 916.5ha, 유기농 182.2ha, 저농약 113.87ha 순으로 앞으로 국내 블루베리재배 농가의 경쟁력 확보를 위하여 블루베리 농산물우수관리인증제도(GAP) 도입이 필요할 것으로 판단된다.

표 1-9. 우리나라 블루베리 재배 양식별 재배 면적(ha) 현황(2015)

도별	합계	일반	저농약	무농약	유기농
합계	2,305 (100%)	1,092 (47.4)	113.7 (4.9)	916.5 (39.8)	182.2 (7.9)
전북	479.4	232.2	5.5	228.3	13.5
전남	311.7	97.0	40.1	156.4	18.3
경북	266.5	82.6	21.3	125.2	37.8
충남	254.4	107.9	12.6	117.1	16.8
경기	253.6	98.6	0	75.6	31.7
경남	248.1	142.0	10.0	80.0	16.2
충북	205.9	98.6	6.0	32.7	18.2
강원	140.6	83.6	0	0	0
제주	35.5	21	0	11.4	3.1
기타	109.1	86.8	10.5	6.4	5.5

주) 농촌진흥청 행정통계(전국 농업기술센터 조사, 2015년 가을 재식 예정면적 포함)

북미

북미는 세계 하이부시 블루베리의 60%를 생산하고 있다. 평균 2년마다 생과와 가공 시장이 20% 정도 확대되고 있으며, 재배 면적은 2005년 28,763ha에 비해 2012년에는 74% 성장하여 50,003ha에서 271,974t의 블루베리를 생산했다.

서부 지역과 남동부 지역이 생산량의 50% 이상을 주도하고 있으며, 미시간주와 중서부 지역은 기후 관계로 면적 증가가 감소하고 있다. 남동부 지역 과실의 대부분은 가공과로 이용되고 있으며, 서부 지역의 브리티시컬럼비아주, 오리건주, 북동부 지역의 미시간주, 남부 지역의 조지아주가 대표적인 블루베리 재배 지역이다.

미국은 세계 최고의 블루베리 생산국이자 소비국으로 2012년 기준 재배종과 야생종을 포함한 블루베리 생산량이 214,186t이다. 이 중 60%는 생과로 40%는 가공용으로 소비된다. 미국의 로우부시 블루베리의 재배 면적은 24,000ha로 이 중 절반인 12,000ha에서 수확한다. 1년 평균 수확량은 약 30,000t에 이르고 있으며 미국 전체 로우부시 블루베리의 98%를 메인주에서 생산하고 있다.

미국의 북부 하이부시 주산지에서는 수확량이 많으면서 과실 품질과 저장성이 뛰어난 '블루크롭', '블루레이', '듀크', '엘리어트' 등을 선호하고, 대과인 '스파르탄', '넬슨' 등도 평가가 좋다. 극대과인 '첸들러'와 '보너스', 그 외에 '토로', '시에라', '블루골드' 등도 주목받고 있다. '첸들러'와 '시에라'는 내한성이 비교적 약하다는 단점이 있다.

대과이며, 고품질, 다수성을 겸비한 '블루크롭', '블루레이'는 고전 품종으로 전 세계의 북부 하이부시 재배지에서 많이 재배된다.

미국의 래빗아이와 남부 하이부시 주요 재배 지역은 조지아주, 앨라배마주, 미시시피주 등이다. 온난한 플로리다주는 북부 하이부시, 남부 하이부시, 래빗아이가 모두 재배되는 지역이다.

최근 미국 시장에서는 남반구(주로 칠레)에서 수입된 블루베리를 11~3월에 판매하는데, 이 이후부터 노스캐롤라이나주의 북부 하이부시가 생산되는 5월 하순까지는 블루베리 단경기로 가격이 비싸다. 이로 인해 이 시기에 생산 가능한 조생종인 남부 하이부시의 재배가 조지아주 남부에서 텍사스주 서부, 캘리포니아주 남부까지 확대되고 있다.

래빗아이는 북부 플로리다를 중심으로 그 지역 시장 출하용 과실 생산과 수확체험, 원용(U-Pick)으로 재배된다. 조생 품종인 '베키블루', '보니타', '클라이맥스', 중만생 품종인 '브라이트웰', '파우더블루', '티프블루' 등도 재배된다. 수확체험 농원에서는 중만생 품종으로 수량이 안정돼 있고 개화 시기가 늦어 서리 피해가 적은 '파우더블루'와 '오스틴', '브라이트웰'의 인기가 높다.

노스캐롤라이나주에서는 북부 하이부시, 남부 하이부시, 래빗아이가 혼합 재배된다. 북부 하이부시로는 조생 품종인 '크로아탄'과 '머피'가 재배되고, 남부 하이부시로는 비교적 저온요구량이 많은 '리베일', '오닐' 그 외에 신품종의 재식이 증가되고 있다. 래빗아이는 '티프블루', '프리미어', '파우더블루', '콜럼버스' 등이 재배된다.

남미

남미는 세계 제2위의 블루베리 생산 지역으로 전 세계 재배 면적의 1/4을 차지한다. 2005년 7,300ha에서 2012년 17,660ha로 증가했으며, 그중 칠레가 대표적인 생산국이다. 칠레는 2005년에 비해 2012년 재배 면적이 2배 이상 증가했으며, 2003년부터 2007년까지 대단위 면적에 재식됐다. 칠레는 생산한 대부분의 과실을 내수시장보다 수출시장에 내놓고 있다. 또한 남미 지역에서 생산되는 블루베리는 대부분 생과용으로 이용된다.

유럽

동유럽권의 여러 나라에서는 오랫동안 야생 블루베리(빌베리, *V. myrtillus*)를 채집·이용해 왔다. 그러나 산성 토양을 좋아하는 블루베리의 특성 때문에 알칼륨성 토양이 많은 유럽권 국가에서는 산업화가 늦어졌다. 최근에야 미국종 블루베리 재배가 시작되는 중으로 북부 하이부시를 주로 재배한다. 품종으로는 '블루크롭'을 선호하고 그 외 '블루타', '패트리어트', '블루레이', '코빌', '다로',

'저지', '웨이마우스' 등을 재배한다. 또한 독일, 오스트리아, 덴마크 등에서는 신품종 육종도 시작하고 있으며 아일랜드, 이탈리아, 스코틀랜드, 유고슬라비아, 핀란드, 폴란드에서는 신품종 개발을 확대하는 중이다. 유럽에서 육성된 품종은 아직 많이 보급되고 있지 않으나, 1980년에 극한냉지인 핀란드에서 북부 하이부시와 야생종인 들쭉나무(*V. ulignosum*)의 교잡 품종인 '아론'을 육성하는 성과를 올리기도 했다. '아론'은 '란코카스'의 여교잡 제1세대 품종으로 북부 하이부시를 닮았지만 내한성이 아주 뛰어나다.

유럽의 블루베리 재배 면적은 2005년 3,940ha에서 2012년 9,753ha로 약 150% 증가했다. 대표적인 생산 국가는 동유럽의 폴란드로 2012년 기준 11,657t을 생산했으며, 그 뒤를 중북부 유럽의 독일이 9,979t, 남서부 유럽의 스페인이 9,843t을 생산해 이 세 나라가 전 유럽 생산량의 70%를 차지한다.

유럽의 소비시장 잠재력과 인구 수를 고려해 보면 현재의 블루베리 재배 면적과 생산량은 극히 부족한 편이나 최근 빠른 속도로 재배 면적이 증가하고 있는 추세다.

오세아니아

호주와 뉴질랜드에서도 신품종이 육성되고 있으며, 재배도 확대되고 있다. 호주의 주요 품종은 '블루크롭', '브리지타', '테니스블루' 등이고 뉴질랜드는 '저지', '딕시', '버링톤', '누이' 등이다.

중국

중국에서는 산둥성, 지린성, 랴오닝성 등에서 블루베리 재배가 시작되었다. 중국의 블루베리 재배 역사는 길지 않지만 주요 재배 품종은 '블루크롭', '듀크', '노스랜드' 등이다. 2005년에는 194ha에서 약 200t에서, 2012년에는 12,060ha에서 11,340t으로 급속히 확대됐다. 재배 면적에 비해 생산량이 적은 편이며, 일본에 생과를 수출한다.

중국의 블루베리 재배지 토양은 pH 7 정도에 유기물 함량이 낮아 유황으로 산도를 교정하고 이탄토, 옥수수 줄기 등의 유기물을 시비해 재배한다.

일본

일본에 블루베리가 도입된 것은 1951년으로 농림성 홋카이도농업시험장이 미국 매사추세츠농업시험장으로부터 하이부시 몇 품종을 들여온 것이 처음이다. 그 후 1962년에 래빗아이가 농림성 특산과와 그 외의 공공기관에 의해 도입돼 재배 적응시험이 이루어졌다. 로우부시는 1976년에 도입됐다. 1980년대에는 블루베리 재배가 확대되기 시작해 1980년 초에 수십 t이었던 생산량도 1990년대로 접어들자 400여 t 이상으로 급증해 시장으로의 출하도 증가했다.

그러나 블루베리는 과실이 부드럽고 저장성이 좋지 않아 시장에서 환영받지 못했다. 또한 너무 일찍 수확한 관계로 품질이 낮아 가격이 상당히 하락했고, 재배법이 확립되지 않아 지역에 따라서는 폐원하는 과원도 생겨났다. 1990년대 중반에 접어들자 재배 면적, 생산량이 모두 감소해 블루베리 산업 자체가 고사위기에 이르렀다.

하지만 재배법 개발 및 예냉과 저온저장법 개발, 통풍을 고려한 출하용기 개량, 출하 시기 조절, 부가가치를 높이는 가공품 개발 등에 노력을 기울였고 블루베리가 눈에 좋다는 건강 기능성이 소비자에게 알려지면서 생산과 소비가 촉진됐다. 그리하여 1996년 이후에는 재배 면적과 생산량이 지속적으로 확대되고 있다.

05 품종 특성

최근 육종 동향

과거 몇십 년 동안 블루베리 육종은 미국을 중심으로 이루어져 왔는데, 이러한 경향은 앞으로도 계속될 것으로 보인다.

북부 하이부시는 수확 시기 확대, 수량 증가, 과실 품질 향상, 전정량 축소, 내병성 향상 등을 목표로 육종이 시도되고 있고, 이로 인해 세계에서 가장 생산량이 많은 '블루크롭'을 능가할 것으로 보이는 최신 품종 '드레이퍼(Draper)' 등 다수의 우수한 품종이 육성되었다.

래빗아이는 대과, 뛰어난 식미, 내한성 증가, 자가 불화합성 개선, 내병성 향상, 수확기 집중 등을 육종 목표로 하고 있으며, 최근 '콜럼버스(Columbus)' 등 여러 우수한 품종이 육성되었다.

남부 하이부시는 야생종 다로위(*V. darrowi*)의 특성인 내서성, 내건성, 밝고 아름다운 청색의 과피색, 단단한 과실, 좋은 향기 등을 북부 하이부시에 도입하는 것을 목적으로 육종되고 있다. 또한 기존의 다로위종과 북부 하이부시를 교잡해 육성한 품종을 다시 북부 하이부시에 여교잡해 내한성이 높은 품종을 육성하기 위해 노력하고 있다.

북부 하이부시 블루베리

가. 극조생종 품종(성숙기 : 6월 상순)

〈웨이마우스(Weymouth)〉

미국 연방 농무부(USDA)에서 육성돼 1936년에 발표된 품종으로 수형은 작은 형태며 나무 자세는 직립형이다. 수세는 비교적 약하나 과실 생산성은 높다. 과실 크기는 중 정도이고 과형은 단형에서 편형, 과피는 암청색, 꽃자리 흔적 크기는 중 정도, 향기는 다소 떨어지나 풍미는 보통이다. 재배상 특징으로 성숙과는 강우에 의해 열과되기 쉽다.

〈얼리블루(Earliblue)〉

미 농무부와 뉴저지 주립농업시험장이 공동 육성한 품종으로 1952년에 발표했으며 나무 자세는 직립이고 수세는 강하다. 과실 생산성은 중 정도, 과실은 대립, 과형은 편단, 과분은 많고 과피는 맑은 청색을 띤다. 꽃자리 흔적은 작고 과육은 단단하며 약간 향기가 있다. 약간 신맛이 있지만 풍미가 뛰어나고 재배상 특징으로 내한성이 강하다.

〈듀크(Duke)〉

미 농무부와 뉴저지 주립농업시험장이 공동 육성해 1986년에 발표한 품종으로 나무 자세는 직립성이며 수세는 왕성하다. 과실 생산성은 안정되어 높으며 과실은 대립, 과분이 많고 과피색은 청색이다. 꽃자리 흔적은 작고 건조하며 과육이 단단하고 풍미는 보통이다. 수송성이 높고 수확 후 향기가 발생하며 개화기는 늦지만 과실의 성숙기는 빠르다.

나. 조생종 품종(성숙기 : 6월 상순~중순)

〈크로아탄(Croatan)〉

미 농무부와 노스캐롤라이나 주립농업시험장이 공동 육성해 1954년에 발표한 품종이다. 나무 모양은 개장형이며 수세는 강하고 과실 생산성은 높다. 과실 크기는 중 정도, 과형은 구형이며 과분이 적고, 과피는 암청색, 꽃자리 흔적은 작으며 과육은 중 정도로 단단하다. 약간 향기가 있으며 성숙기에 당산이 알맞게 되어 풍미가 좋아진다.

〈콜린스(Collins)〉

미 농무부와 뉴저지 주립농업시험장이 공동 육성해 1959년에 발표한 품종으로 나무 자세는 직립 또는 개장성, 수세는 중 정도다. 과실은 대립이며 과형은 단형에서 편형, 과분은 많고 과피는 맑은 청색을 띤다. 꽃자리 흔적 크기는 중 정도이며, 과육은 단단하고 약간 향기가 있다. 감산이 알맞으며 풍미가 뛰어나고, 토양 적응성은 낮다.

〈블루타(Bluetta)〉

미 농무부와 뉴저지 주립농업시험장이 공동 육성해 1968년에 발표한 품종이다. 수고는 낮아 90~120cm이고, 수형은 작으며 개장성을 띤다. 과실 생산성은 높고 과실 크기는 중 정도, 과분이 많으며 과피는 청색이다. 꽃자리 흔적은 크지만 과육은 단단하고 향기가 좋다. 풍미는 좋으며 내한성이 강하고 가지가 유연성이 있다.

〈패트리어트(Patriot)〉

미 농무부와 메인 주립농업시험장이 공동 육성해 1976년에 발표한 품종이다. 나무 자세는 직립이며 수고는 낮아 120cm 정도, 수세는 강하고 과실 생산성은 안정되고 높다. 과실 크기는 대립에서 극대립이며 과형은 약간 편단형, 과피는 암청색이다. 꽃자리 흔적이 적고 풍미는 매우 좋다. 내한성이 약간 강하고 토양 적응성이 넓으며 성숙기를 맞추기 위해서는 꽃을 솎아야 한다.

〈블루제이(Bluejay)〉

미국 미시간 주립농업시험장이 육성해 1978년에 발표한 품종으로 나무 자세는 직립성이고 수세는 강한 편이다. 수고는 2m가 넘고 과실 생산성은 중 정도이다. 성숙기가 고르고 과실은 중 정도의 크기다. 과형은 단형, 과분은 많고 과피는 맑은 청색이다. 꽃자리 흔적이 작고 과육은 단단한 편이며 산이 약간 많지만 풍미는 좋다. 열과가 적고 저장성이 뛰어나며 내한성이 대단히 강하다.

다. 조생~중생종 품종(성숙기 : 6월 하순)

〈블루헤븐(Bluehaven)〉

미시간 주립농업시험장이 육성해 1967년에 발표한 품종이다. 나무 자세가 직립이며 수고는 성목이 됐을 때 1.5m 이상이다. 과실 생산성이 높고 수확기가 길어

4~6주가 소요된다. 과실 크기는 중 또는 대립이며 과형은 단형이다. 과피색은 맑은 청색이고 꽃자리 흔적이 상당히 작고 건조하다. 과육은 단단하고 풍미가 뛰어나며 내한성이 강하다.

〈블루골드(Bluegold)〉

뉴저지 주립농업시험장이 육성해 1988년에 발표한 품종으로 나무 자세는 직립성이며 수고는 120cm 정도이다. 과실 생산성은 높고 과실 크기는 중 정도이며 과형은 단형이다. 과피색이 맑은 청색이고 꽃자리 흔적은 작고 건조하다. 과육이 단단하고 풍미가 매우 뛰어나며 보존성이 좋다. 내한성이 강하고 착화와 착과가 많은 편이므로 꽃 솎기를 겸한 적당한 전정이 필요하다.

〈선라이즈(Sunrise)〉

미 농무부가 육성해 1988년에 발표한 품종으로 나무 자세는 직립이며 수세는 중 정도다. 과실은 중에서 대립이며 과분이 많고 과피는 청색이다. 꽃자리 흔적은 작고 과육이 단단하며 풍미가 우수하다.

〈스파르탄(Spartan)〉

미 농무부(USDA)가 육성해 1977년에 발표한 품종으로 나무 자세는 직립성이며 수세는 중 정도다. 수고는 성목이 됐을 때 150~180cm 정도, 과실 생산성은 중 정도이며 성숙기가 고른 것이 특징이다. 과실은 극대립이며 과형은 단형에서 편형이고 과분은 적은 편이다. 과피는 맑은 청색을 띠고 과육은 단단하며 풍미가 뛰어나다. 열과가 적고 내한성이 강하며 개화기는 늦지만 성숙기가 빠르고 토양 적응력이 한정되므로 배수성이 좋은 땅에 심어야 한다.

〈미더(Meader)〉

미국 뉴햄프셔 주립농업시험장이 육성해 1971년에 발표한 품종으로 나무 자세는 직립이고 수세는 약간 강한 편이다. 성숙기가 고르고 과실은 대립이며 과피는 청색이고 과육이 단단하다. 신맛이 있지만 풍미가 좋고 내한성이 강하다.

〈블루칩(Bluechip)〉

미 농무부와 노스캐롤라이나 주립농업시험장이 공동 육성한 품종으로 1979년에 발표했다. 나무 자세는 직립이고 수세는 강하며 과실 생산성이 안정되고 높다. 과실은 대립이며 과분이 많고 과피색은 청색이다. 과육이 단단해 좋고 풍미가 뛰어나다.

〈에코타(Echota)〉

노스캐롤라이나 주립농업시험장 육성 품종으로 1999년에 발표했고, 나무 자세는 직립성이며 수세가 강하다. 과실 생산성은 안정적이고 높으며 과실은 대립이다. 과피색은 맑은 청색으로 아름답고 꽃자리 흔적이 작고 건조하며 과육은 단단하다. 1회에 전체 과실의 80%를 수확할 수 있으며 풍미가 좋고 보존성이 우수하다.

라. 중생종 품종(성숙기 : 7월 상순)

〈토로(Toro)〉

미 농무부와 뉴저지 주립농업시험장이 공동 육성한 품종으로 1987년에 발표했다. 나무 자세는 직립성이며 수고는 중 정도, 수세가 강하며 과실 생산성은 안정적이고 높다. 성숙기가 고르며 과실은 대립으로 과분이 있고 과피는 청색이며 꽃자리 흔적은 작다. 신맛이 조화돼 풍미가 있고 과실이 포도상으로 한 과방에서 동시에 익는다.

〈블루크롭(Bluecrop)〉

미 농무부와 뉴저지 주립농업시험장이 공동 육성해 1952년에 발표했고, 나무 자세는 직립성이나 결실이 되면서 개장성이 된다. 수세는 중 정도이고 수고는 약 1.2~1.8m이며 과실 생산성은 안정적이고 높다. 과실은 대립이며 과형은 단형에서 편단형에 이른다. 과분이 많고 과피는 맑은 청색이며 과육은 단단하다. 약간 신맛이 있지만 부드러운 편이고 풍미가 극히 좋다. 북부 하이부시의 중심 품종으로 세계의 표준 품종이라 칭하며, 토양 적응성이 넓고 내한성은 높다. 결실 과다가 되기 때문에 알맞은 전정이 필요하다.

〈레거시(Legacy)〉

미 농무부와 뉴저지 주립농업시험장이 공동 육성한 품종으로 1993년에 발표했다. 나무 자세는 직립성이며 수세는 왕성하고 수고는 180cm나 된다. 과실 생산력은 높고 과실 크기는 중 정도이며 과피는 맑은 청색이다. 과육의 단단함은 중 정도이며 풍미가 뛰어나다.

《블루레이(Blueray)》

미 농무부와 뉴저지 주립농업시험장이 공동 육성해 1955년에 발표된 품종이다. 나무 자세는 직립이며 수세가 강하고 과실 생산성은 안정적으로 높다. 과실은 대립이며 과형은 편형, 과분이 많고 과피는 중 정도의 청색이며 과육은 단단하고 향이 있다. 산은 약간 많지만 풍미가 우수하고 내한성이 뛰어나다.

《시에라(Sierra)》

뉴저지 주립농업시험장 육성 품종으로 1988년에 발표했으며, 나무 자세는 직립성이고 수세는 강하다. 과실 생산력이 높고 과실은 대립, 과형은 편단형이며 과분이 많고 과피는 청색이다. 과육은 단단하고 풍미가 있다.

《팬더(Pender)》

노스캐롤라이 주립대학이 육성한 품종으로 1998년에 발표했으며, 나무 자세는 반직립성이고 수세는 강한 편이다. 과실 크기는 중 정도이며 과피는 청색으로 풍미가 뛰어나고 보존성도 좋다. 건조 토양에 적합하고 나무를 흔들어서 수확하는 것도 가능하다.

《버클리(Berkeley)》

미 농무부와 뉴저지 주립농업시험장에서 공동 육성한 품종으로 1949년에 발표했다. 나무 자세는 개장성이며 수고는 150~180cm이다. 수세는 강하며 과실은 대립, 과형은 단형에서 편단형에 이른다. 과분이 많고 과피는 청색이며 꽃자리 흔적이 크다. 과육은 단단하며 향이 있고 신맛이 적어 풍미가 좋다. 열과가 다소 발생되며 내한성은 강하지 않고 수확이 늦어지면 성숙된 과실이 떨어져 보존성이 약하다.

《챈들러(Chandler)》

미 농무부 육성 품종으로 1994년에 발표했다. 나무 자세는 직립성이며 수세는 강하고 수고는 180cm에 이른다. 과실 생산력은 안정적으로 높고 성숙 기간이 길어 5~6주에 이르며 과실 크기는 대 또는 특대다. 과피는 맑은 청색이며 꽃자리 흔적은 작고 건조하다. 과육의 경도는 중 정도이며 풍미가 아주 뛰어나다.

마. 중생~만생종 품종(성숙기 : 7월 중순)

〈코빌(Coville)〉

미 농무부와 뉴저지 주립농업시험장에서 공동 육성한 품종으로 1949년에 발표했다. 나무 자세는 개장성이며 수세는 왕성하고 과실 생산성이 높다. 과실은 크고 과형은 편단형이며 과피는 청색이다. 과육은 단단하고 약간 향기가 있으며, 신맛이 강하지만 풍미는 매우 좋다.

〈넬슨(Nelson)〉

미국 뉴저지주립농업시험장에서 육성해 1988년에 발표한 품종으로 나무 자세는 직립성이며 수세는 강하고 수고는 중 정도다. 과실 생산성은 높고 과실은 대립이며 과피는 맑은 청색이다. 꽃자리 흔적이 작은 편으로 과육이 단단하고 풍미가 우수하며 내한성이 강하다.

〈저지(Jersey)〉

미 농무부가 육성해 1928년에 발표한 품종으로 나무 자세는 직립성이고 수세가 매우 강하며 수고는 2m가 넘는다. 과실 생산력은 안정적이고 높다. 과실 크기는 전체적으로 중 정도이고 수확 초기에는 대립이 생산되나 후반기에는 다소 작아진다. 과피는 청색이고 과육은 단단하며 향기가 적지만 풍미는 좋고 열과가 적다.

〈루벨(Rubel)〉

미 농무부에 의해 1926년에 발표된 품종으로 나무 자세는 직립성이며 수세는 중 정도, 수고는 180cm 이상 된다. 과실 크기는 극히 작고 과피는 청색이며 과육은 단단하다. 약간 향기가 있고 풍미가 좋으며 내한성이 강하다. 야생종에서 선발된 블루베리 중에서 역사상 최고 오래된 품종의 하나로 항산화 능력이 가장 높아 가치를 주목받게 됐다.

〈엘리자베스(Elizabeth)〉

미국 뉴저지주에 거주하는 크랜베리, 블루베리 재배자 W. 엘리자베스 여사에 의해 선발돼 1966년에 발표된 품종으로 나무 자세는 직립에서 개장성이고 성숙기는 긴 편이다. 과실은 크고 풍미가 극히 좋으며 보존성이 좋다.

〈브리지타(Brigitta)〉

호주 빅토리아주 농업성원예연구소에서 선발해 1977년에 발표된 품종으로 나무 자세는 직립성이며 수세가 강한 편이다. 과실 생산력은 안정적으로 높고 성숙기는 만생으로 과실은 대립이며 과피는 청색이다. 꽃자리 흔적은 작고 건조하며 과육이 단단한 편이고 당산이 조화돼 풍미가 좋다. 보존성과 수송성도 매우 좋다.

바. 만생종 품종(성숙기 : 7월 하순)

〈다로(Darrow)〉

미 농무부와 뉴저지 주립농업시험장이 공동 육성한 품종으로 1965년에 발표했다. 나무 자세는 개장성이며 수세가 강하고 수고는 150~180cm이다. 과실 생산력은 안정적으로 높고 과실은 극대립, 과형은 편단형이며 과분이 많고 과피는 맑은 청색이다. 과육은 단단하며 성숙 전에는 신맛이 강하지만 성숙기에는 품질이 좋고, 보존성은 약간 떨어진다.

〈딕시(Dixi)〉

미 농무부 육성 품종으로 1936년에 발표했고, 나무 자세는 개장성이며 수형이 대단히 크다. 수세가 강하며 과실 생산성은 높고 성숙기가 길다. 과실은 대립이지만 성숙기 후반이 되면 점차 작아진다. 과분이 있고 과피는 청색이며 과육은 단단하다.

〈레이트블루(Lateblue)〉

미 농무부와 뉴저지 주립농업시험장이 공동 육성해 1967년에 발표한 품종이다. 나무 자세는 직립성이고 수세는 강하며 과실 생산력이 안정적으로 높다. 성숙은 비교적 고르며, 과실 크기는 중간에서 큰 정도다. 과형은 편단형이고 과분이 있으며 과피는 맑은 청색이고 꽃자리 흔적이 작다. 과육은 단단하고 신맛이 있지만 풍미가 좋다.

〈엘리어트(Elliot)〉

미 농무부에서 육성해 1973년에 발표한 품종이다. 나무 자세는 직립성이고 수세는 강하며 과실 생산력이 안정적으로 높다. 성숙기가 고르고 과실 크기는 중 정도이며 과분이 많다. 과피는 맑은 청색이며 과육은 단단하다. 신맛이 강하지만 풍미가 있는데 미숙과에서 신맛이 특히 강하기 때문에 일찍 수확하지 않도록 주의한다.

반수고 하이부시 블루베리

가. 조생종 품종(성숙기 : 6월 상순~중순)

〈노스스카이(Northsky)〉

미국 미네소타대학에서 육성해 1983년에 발표한 품종으로 내한성이 대단히 강하다. 나무 높이가 35~50cm이기 때문에 겨울에는 눈에 완전히 파묻히며 수관 폭은 60~90cm 정도다. 과실 크기는 중 정도이며 회색의 과분으로 덮여 있고 과피는 아름다운 청색을 띤다. 풍미는 로우부시 블루베리와 비슷하다. 잎이 밀생되며 여름에는 광택이 있는 녹색 잎이 아름답고 가을에는 빨갛게 단풍이 들어 관상식물로 가치가 크다. 이런 점에서 가정원예에 권장되고 컨테이너나 백(Bag) 재배에 알맞다.

〈노스랜드(Northland)〉

미시간주립대학에서 육성해 1967년에 발표한 품종으로 내한성이 강하고 나무 모양은 반직립성으로 개장성이다. 나무 가지가 잘 휘기 때문에 나무 높이가 다소 높아도 (성목은 120cm 정도) 눈이 덮인다. 과실 생산력이 높으며, 과실 크기는 중 정도이고 과실 모양은 원형이다. 과피는 중간 정도의 청색이고 과육은 단단하다. 꽃자리 흔적은 작고 건조하며 풍미가 있다.

〈노스블루(Northblue)〉

미국 미네소타대학에서 육성해 1983년에 발표한 품종이다. 내한성이 대단히 강하고 나무 높이는 60~90cm 정도로 낮으며 수세가 강하다. 과실 생산력이 높고 나무당 평균 수량은 1.3~3.0kg 정도다. 과실은 대립이고 과피는 암청색으로 풍미가 좋으며 로우부시 블루베리를 닮았다. 약간의 신맛이 있다. 냉장 조건에서 유지가 잘 되며 생식용과 가공용으로 쓰이고 시장 출하, 수확 체험 농장에 적합하다. 잎은 윤기가 있고 암녹색을 띤다.

〈프렌드십(Friendship)〉

위스콘신주의 프렌드십 지역 근처에 자생하는 북부 하이부시에 자연 수분된 실생으로 하이부시와 로우부시의 교잡종으로 부른다. 1990년에 발표됐으며 내한성이 매우 강하다. 과실은 작아 평균 0.6g 정도이며, 알맞게 익은 과실은 당산이 조화돼 풍미가 좋다. 과피가 청색이며 과육은 매우 부드럽다.

〈폴라리스(Polaris)〉

미국 미네소타대학에서 육성해 1996년에 발표한 품종이다. 내한성이 강하고 나무 자세는 직립성이며 나무 높이는 120cm 정도다. 과실 생산성과 크기는 중간 정도이다. 과피는 담청색이며 꽃자리 흔적은 작다. 과육은 대단히 단단하며 반수고 블루베리에서 가장 풍미가 좋다고 알려져 있다.

나. 조생~중생종 품종(성숙기 : 6월 하순)

〈치페와(Chippewa)〉

미네소타대학에서 육성해 1996년에 발표한 품종으로 내한성이 대단히 강하고 (내한성 품종이 요구되는 지역에서 재배 가능) 나무 자세는 '노스블루'보다 직립성이다. 과실 생산력이 높아 평균 수량은 성목에서 1.5~3.0kg이고, 과실은 중~대립이다. 과피는 맑은 청색이고 과육이 단단하다. 단맛이 있고 풍미는 중간 정도다.

남부 하이부시 블루베리

가. 조생종 품종(성숙기 : 6월 상순~중순)

〈오닐(O´Neal)〉

미 농무부와 노스캐롤라이나 주립대학에서 공동 육성해 1987년에 발표한 품종이다. 저온요구량은 꽃눈이 400~500시간, 잎눈은 그 이상 요구된다. 나무 자세는 반직립성이며 수세가 강한 편이다. 과실 생산성이 높고 과실은 대립이며 과분이 적다. 과피가 청색이고 꽃자리 흔적이 작으며 과육이 단단하고 풍미가 우수하다. 남부 하이부시의 표준 품종으로 취급되는데, 개화 기간이 길고 토양 적응력이 높다는 특징이 있다.

〈스타(Star)〉

미국 플로리다대학에서 육성해 1996년에 발표한 품종으로 저온요구량이 400~500시간이다. 나무 자세는 반직립성이며 수세는 중 정도이고, 과실 생산력 역시 중 정도다. 과실은 대립에서 특대 정도, 과피가 암청색이며 과육이 단단하고 풍미가 우수하다.

〈리베일(Reveille)〉

미국 노스캐롤라이나 주립대학에서 육성해 1990년에 발표했으며, 저온요구량은 600~800시간이다. 나무 자세는 직립성이며 가지의 개장력은 적고 수세는 보통이다. 과실 크기는 중 정도이고 과피는 맑은 청색으로 과육의 단단함이 매우 뛰어나며 풍미가 좋다.

〈케이프피어(Capefear)〉

미 농무부와 노스캐롤라이나 주립대학에서 공동 육성해 1987년에 발표했다. 저온요구량은 500~600시간이며 나무 자세는 직립성이다. 수세가 강한 편이고 과실 생산력이 높은 편이다. 과실 크기는 중 정도이며 과피는 맑은 청색이다. 성숙과는 풍미가 좋으나 과숙과는 풍미가 떨어진다.

나. 조생~중생종 품종(성숙기 : 6월 하순)

〈사파이어(Sapphire)〉

미국 플로리다대학에서 육성해 1999년에 발표한 품종으로 과실 크기는 중에서 대립 정도이며 과피는 청색이다. 저온요구량은 200~300시간이고, 나무 자세는 반직립성이며 나무 수세는 중 정도다. 과육은 단단하고 풍미가 아주 우수하며, 나무를 키우기 위해서는 꽃을 솎아야 한다.

〈쿠퍼(Cooper)〉

미 농무부 소과수연구소에 의해 육성돼 1987년에 발표한 품종으로 저온요구량은 400~500시간이다. 나무 자세는 반직립성이며 수세는 중~강, 과실 생산력은 중간 정도이고 과실은 중간에서 대립 사이다. 과피는 청색이며 과육은 단단하고 풍미가 좋다.

〈샤프블루(Sharpblue)〉

미국 플로리다대학이 육성해 1975년에 발표된 품종으로 저온요구량은 200~300시간, 나무 자세는 개장성이며 수세가 강한 편이다. 과실 생산력이 매우 높고 과실 크기는 중 정도이며 과피는 암청색이다. 과육의 단단함은 중 정도이며 풍미가 우수하다. 남부 하이부시 품종 특성 비교의 표준 품종이 되고 있다.

〈블레이든(Bladen)〉

미국 노스캐롤라이나 주립대학이 육성해 1994년에 발표했고 저온요구량은 600시간 이상이며 나무 자세는 직립성이다. 수세는 강한 편이며 과실 생산력은 높다. 과실은 중 정도의 크기이며 과피는 암청색을 띤다. 과육은 단단하며 풍미가 독특하다. 완전한 자가불화합성은 아니지만 결실률을 높이기 위해서는 타가수분이 필요하다.

〈빌록시(Biloxi)〉

미국 농무부의 소과수연구소가 육성해 1997년에 발표한 품종이다. 저온요구량은 400시간 정도이며 나무 자세는 직립성이고 수세가 강한 편이다. 과실 크기는 중 정도이며 과피는 청색, 과육은 단단하고 과실 품질이 매우 우수하다.

〈블루리지(Blueridge)〉

미 농무부와 노스캐롤라이나 주립대학의 공동 육성 품종으로 1987년에 발표했다. 저온요구량은 500~600시간, 나무 자세는 직립성이며 수세가 강하다. 과실 생산력이 높고 과실은 대립으로 과피는 강한 청색을 띠고 과육은 단단하며 풍미가 우수하다.

다. 중생종 품종(성숙기 : 7월 상순)

〈사우스문(Southmoon)〉

미국 플로리다대학이 육성해 1995년에 발표한 품종이다. 저온요구량은 300~400시간, 나무 자세는 직립성이며 과실 생산성이 높다. 과실 크기는 대립이며 과실은 단단하고 단맛이 강하다.

〈미스티(Misty)〉

미국 플로리다대학이 육성해 1990년에 발표한 품종이다. 저온요구량은 100~300시간, 나무 자세는 직립성이며 수세가 강하다. 과실은 대립이며 과피는 맑은 청색을 띠며, 과육은 단단하고 풍미가 좋다. 착과 과다 성질이 강하기 때문에 전정에 의한 꽃 솎기가 필요하다. 지표면 근처의 전정은 하지 않고 아래 가지의 꽃눈을 손으로 따는 것이 좋다.

〈플로리다블루(Floridablue)〉

미국 플로리다대학 R. H 샤프가 육성해 1975년에 발표한 품종으로 저온요구량은 300시간 정도이며 나무 자세는 개장성이고 수세는 중 정도다. 과실 생산성은 매우 높고 과실 크기는 중~대립이다. 과실의 형태는 작고 둥글며, 껍질은 맑은 청색이고 과육은 단단하다.

〈조지아젬(Georgiagem)〉

미 농무부와 조지아주 연안평원시험장이 공동 육성해 1987년에 발표한 품종이다. 저온요구량은 350~500시간, 나무 자세는 반직립성이다. 수세는 강하며 과실 생산량과 과실 크기는 중간 정도다. 과육은 단단하며 풍미가 좋다.

라. 중생~만생종 품종(성숙기 : 7월 중순)

〈두플린(Duplin)〉

미국 노스캐롤라이나 주립대학이 육성해 1998년에 발표한 품종으로 나무 자세는 직립성이며 수세가 중간 정도다. 과실은 크며 과피는 청색, 과육은 단단하고 풍미가 있다.

〈아본블루(Avonblue)〉

미국 플로리다대학의 W. B 샤프민와 R. H 샤프가 공동 육성해 1997년에 발표했다. 저온요구량은 약 400시간, 나무 자세는 반직립성이며 수세는 약간 강한 편이다. 과실 생산력은 중 정도이며 과실은 중간 크기부터 큰 것까지 있다. 과피는 맑은 청색이며 과육은 단단하다. 꽃이 너무 많이 달리기 때문에 결실량 조절이 필요하다.

〈매그놀리아(Magnolia)〉

미 농무부 소과수연구소에 의해 육성된 품종으로 1994년에 발표됐다. 저온요구량은 500시간이며 나무 자세가 개장성이고 나무 키는 중간 정도다. 수세는 성목이 되면 강하다. 과실 생산성은 높고 과실 크기는 중간 정도, 과육이 단단하고 풍미가 좋다.

마. 만생종 품종(성숙기 : 7월 하순)

〈서밋(Summit)〉

미국 노스캐롤라이나 주립농업시험장과 아칸소농업시험장, 미국 농무부 3자에 의해 육성돼 1998년에 발표된 품종이다. 저온요구량은 약 800시간, 나무 자세는 반직립성이며 수세는 중간 정도다. 꽃자리 흔적 크기는 작고 과실은 크며 과육은 단단하고 과피, 풍미 등은 모두 뛰어나다. 자가불화합성은 아니지만 과실의 성숙기를 앞당기기 위해서는 타가수분이 필요하다.

〈펄리버(Pearlriver)〉

미 농무부 소과연구소에서 육성해 1994년에 발표한 품종이다. 저온요구량은 약 500시간, 나무 자세는 직립성이며 수세가 강하다. 과실은 중간 정도 크기이며 과피는 과분이 적고 암청색을 띤다. 결실률을 높이기 위해 타가수분이 필요하다.

〈오자크블루(Ozarkblue)〉

미국 아칸소 주립대학에서 육성해 1996년에 발표한 품종이다. 저온요구량은 800~1,000시간, 나무 자세는 반직립성이고 수세는 중간 정도다. 과실 생산성은 안정되고 높으며 과실은 크고 과피는 맑은 청색이다. 과육은 단단하고 풍미가 좋다. 내상성과 내한성이 강하고 꽃눈은 -20℃까지 견딜 수 있다. 북부 하이부시 재배 지역에서도 재배가 가능하다.

래빗아이 블루베리

가. 조생종 품종(성숙기 : 8월 상순)

〈클라이맥스(Climax)〉

미 농무부와 조지아주 연안평원시험장이 공동 육성한 품종으로 1974년에 발표했다. 저온요구량은 450~500시간, 나무 자세는 반직립성이다. 나무 모양은 작은 편이며 성숙기가 고르기 때문에 수확 1~2회에 전체의 약 80%를 수확할 수 있다. 과실은 중간 정도 크기이고 과피는 맑은 청색이며 과육은 단단하고 풍미가 있다. 자가불화합성 때문에 타가수분이 필요하다.

〈블루벨(Bluebelle)〉

미 농무부와 조지아주 연안평원시험장이 공동 육성한 품종으로 1974년에 발표됐다. 저온요구량은 450~500시간, 나무 자세는 직립성, 수세는 중간 정도이며 과실 생산성은 높다. 수확 기간이 긴 편이고, 과실 크기는 중간이며 과피가 완전히 익으면 청색을 띤다. 종자가 많고 풍미가 우수하나 적숙기 전에는 신맛이 강하고 열과가 된다. 수분수를 심어서 재배해야 하는 유의점이 있다.

〈우다드(Woodard)〉

미 농무부와 조지아주 연안평원시험장이 공동 육성해 1960년에 발표한 품종이다. 저온요구량은 350~400시간, 나무 자세는 전형적인 개장성이다. 과실은 중간 크기에서 큰 것까지 있는데 수확 초기에는 대단히 크나 진행되면서 작아진다. 과실 모양은 편편하며 짧고, 과육은 단단하며 과피는 청색이다. 완숙과는 풍미가 있지만 청색으로 착색돼 5일이 경과되지 않으면 신맛이 빠지지 않는다. 수송성은 약하고, 자가불화합성 때문에 타가수분이 필요하다.

나. 중생종(성숙기 : 8월 중순)

〈브라이트웰(Brightwell)〉

미 농무부와 조지아주 연안평원시험장이 공동 육성한 품종으로 1981년에 발표됐다. 저온요구량은 350~400시간, 나무 자세는 직립성이며 수세가 왕성하다. 과실 생산력이 대단히 높고, 과실 크기는 중간 정도이며 과피가 맑은 청색이다. 과육과 풍미가 좋으며 시장출하성이 우수하다. 열매를 맺기 위해서는 수분수가 필요하다.

〈보니타(Bonita)〉

미국 플로리다대학이 육성해 1985년에, 발표한 품종으로 저온요구량은 350~400시간이다. 나무 자세는 반직립성이고, 수세는 강하며 수형은 중간 정도이다. 성숙기는 비교적 고르다. 과실은 크고, 과실 껍질은 청색이다. 과육은 단단하며 풍미가 있지만 너무 일찍 수확하면 신맛이 강하다. 유목일 때 생장이 늦고 경제적인 과실 수량에 이르기까지 다소 기간이 걸린다.

〈홈벨(Homebell)〉

미 농무부와 조지아주 연안평원시험장에서 공동 육성한 품종으로 1955년에 발표됐다. 나무 자세는 직립성이지만 나뭇가지가 휘기 때문에 개장성이다. 수세는 극히 왕성하고 과실 생산력은 대단히 높다. 과실은 작은 알에서 중간 정도 크기이며 과실 껍질은 암청색이다. 과실이 성숙하면 과육이 연해져서 열과가 되기 쉽다.

〈베키블루(Beckyblue)〉

플로리다대학이 육성해 1978년에 발표한 품종으로 저온요구량은 약 300시간이고, 나무 자세는 개장성이며 수형이 작은 편이다.

〈앨리스블루(Aliceblue)〉

미국 플로리다대학이 육성해 1978년에 발표한 품종으로 저온요구량은 약 300시간이다. 나무 자세는 개장성이며 수세는 왕성하다. 과육은 단단한 편이며 풍미가 있다. 열매를 맺기 위해 수분수가 필요하다.

다. 만생종(성숙기 : 8월 중순)

〈브라이트블루(Brightblue)〉

미 농무부와 조지아주 연안평원시험장이 공동 육성한 품종으로 1969년에 발표됐다. 저온요구량은 약 600시간, 나무 자세는 개장성이며 수세 및 수형은 중간 정도다. 과실 생산성은 높고 과실 크기는 대립이며 과피는 청색이다. 과육은 대단히 단단하며 과실 중에는 종자가 많이 들어 있다. 완숙 전까지는 산미가 강하므로 수확에 유의해야 하며 원거리 출하가 가능하다. 재배 시 수분수가 필요하다.

〈오스틴(Austin)〉

미 농무부와 조지아주 연안평원시험장이 공동 육성한 품종으로 1996년에 발표됐으며 저온요구량은 450~500시간이다. 나무 자세는 직립형이며 수세가 강하고 과실 생산성이 높다. 과실 크기는 대립이며 과피는 맑은 청색을 띤다. 과육은 단단한 편이며 풍미가 있다. 재배 시 수분수가 필요하다.

라. 극만생종(성숙기 : 8월 하순)

〈티프블루(Tifblue)〉

미 농무부와 조지아주 연안평원시험장이 공동 육성해 1955년에 발표했으며 저온요구량은 600~800시간이다. 나무 자세는 직립성이며 수세가 왕성하다. 과실 생산성이 대단히 높고 과실 크기는 중 정도이며 과분이 많다. 과육은 단단하며 비교적 종자가 적다. 수확 초기에는 산미가 강하기 때문에 적기 수확이 필요하며 래빗아이 표준 품종으로 알려져 있다. 재배 시 수분수가 필요하다.

〈딜라이트(Delite)〉

미 농무부와 조지아주 연안평원시험장이 공동 육성한 품종으로 1969년에 발표됐다. 저온요구량은 약 500시간이나 화아의 저온요구량은 엽아보다 적은 것으로 알려져 있다. 나무 자세는 직립성이며 수세와 수형은 중간 정도다. 과실은 대립이며 과피색은 청색이다. 과육은 단단한 편이며 풍미가 좋고 당산비는 높다.

〈파우더블루(Powderblue)〉

미 농무부와 노스캐롤라이나 주립농업시험장이 공동 육성해 1975년에 발표한 품종으로 저온요구량은 400~500시간이다. 나무 자세가 직립이며 수세는 강하나 수형이 작다. 과실 생산성이 높고 과실 크기는 중 정도이며 과피색은 맑은 청색이다. 재배 시 수분수가 필요하다.

〈볼드윈(Baldwin)〉

미 농무부와 조지아대학이 공동 육성한 품종으로 1985년에 발표됐으며 저온요구량은 450~500시간이다. 나무 자세는 개장성이며 수세가 강하다. 과실 생산력이 높고 과실 크기는 중 정도이며 과분이 적다. 재배 시 수분수가 필요하며 수확 기간이 6~7주 정도로 길다.

블루베리

과실의 성분과 기능성

1. 노화와 질병의 원인:

   활성산소(Active Oxygen)
2. 블루베리 과실 성분과 기능성

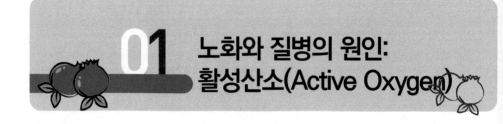

01 노화와 질병의 원인: 활성산소(Active Oxygen)

활성산소

활성산소는 '찌꺼기' 산소다. 우리가 공기 중으로부터 받아들인 산소의 대부분은 에너지 발생을 위해 쓰이지만, 이 중 1~2% 내외의 소량이 찌꺼기 산소인 활성산소로 바뀔 수 있다. 우리는 음식물을 섭취함으로써 에너지를 만들어 낸다. 몸속으로 들어간 음식물은 혈액을 통해 흡수되는데, 흡수된 음식물은 세포 안 미토콘드리아 안에서 산소와 결합해 ATP라는 생체에너지를 만들어 낸다. 우리 몸은 산소를 100%를 사용하려 하지만 소량이 빠져나가 변화한 활성산소가 우리 세포를 공격해 손상시킨다.

활성산소의 산화와 노화

활성이라는 단어는 불안정을 의미하는 것으로 짝이 없는 싱글(Single), 자유로운(Free)이란 의미가 포함돼 있다. 활성산소는 분자에 전자 하나가 없어서 매우 불안정하다. 그래서 정상적으로 잘 작동하고 있는 세포막, DNA, 지방질과 쉽게 결합하려는 산화작용을 하게 된다. 쇠붙이가 공기에 오래 노출되면 산화돼 녹이 슬거나 껍질 벗긴 사과가 산화돼 변색되듯 세포벽도 활성산소에 노출되면 산화가 일어나 결국 세포의 기능 저하로 각종 질환의 원인이 되며 노화를 촉진 시킨다.

활성산소의 약 그리고 독

몸에 활성산소가 생기는 것은 필연적 현상이다. 적당량은 생명 유지에 반드시 필요하지만 이것이 체내에 과잉 생성될 때는 치명적인 독으로 작용한다.

가. 약이 되는 활성산소

몸속에 세균이나 바이러스가 침입해 오면 백혈구가 공격을 시작하는데 이때 활성산소를 만들어 공격한다. 활성산소는 침입한 세균이나 이물질을 녹이는 데 필수적인 방어기제로 작용하고, 다른 세포들에게 이러한 상황을 알려 우리 몸을 방어체제로 변하게 한다. 항암제가 투입될 때 활성산소를 많이 생성시켜 암세포를 공격하게 하는 것처럼 활성산소는 면역기능에 반드시 필요하다. 그런데 이런 활성산소가 지나치게 많아지면 정상 조직까지 공격해 각종 질환이 발생하게 되는 것이다.

나. 독이 되는 활성산소

현대인의 질환 중 90%가 활성산소와 관련이 있다고 알려져 있다. 산소가 우리 몸 곳곳으로 전달되듯 활성산소도 우리 몸 어느 기관에서든지 생길 수 있다. 활성산소는 세포를 손상시키고 재생을 막기 때문에 특히 심혈관질환, 치매, 관절염, 백내장 등 퇴행성 질환과 관련이 깊다. 그래서 활성산소는 만병의 근원이자 노화를 촉진시키는 주범이다.

활성산소로 발생하는 질병과 만드는 요소

활성산소는 인류의 질병과 90%가량 관련돼 있기 때문에 대표적인 질병과 활성산소의 관계에 대해 간단히 설명하고자 한다.

가. 암

암은 주로 유전자 변화와 암세포 변화의 촉진이라는 두 가지 과정으로 성립돼 있다.

활성산소는 지금까지 주로 암세포의 변화를 촉진하는 것으로 전해져 왔다. 그러나 최근 연구 결과에 의하면 활성산소는 유전자의 변화에도 관계가 있다. 활성산소는 정상적인 세포의 유전자를 공격해 암세포로 전환시키므로 암의 유전자 변화와 암세포 변화의 촉진 양쪽 모두에 관련이 있다.

나. 간염, 위염, 관절염 등의 염증

활성산소는 이물질을 살균하기도 하지만 과하게 발생된 활성산소가 그 주변 세포를 상하게 해 피부 가까운 곳에서 염증이 생기면 그 주변이 빨갛게 된다. 이런 상태가 위에서 발생하면 위염, 관절에서 생겨나면 관절염이 된다.

다. 당뇨병

당뇨병은 혈당치를 조절하고 있는 인슐린의 움직임이 나빠지기 때문에 생기는 질병이다. 이 인슐린을 분비하고 있는 곳이 췌장의 B세포이다. 활성산소가 과잉되면 B세포에 상처가 생기고 정상적으로 인슐린을 분비할 수 없게 된다.

라. 심장병, 뇌졸중

심장병, 뇌졸중 등은 주로 동맥경화에 의해 발생한다. 동맥경화의 큰 원인이 지질(脂質)의 산화(과산화지질)에 있다. 지질이 활성산소의 나쁜 영향을 받아 산화되면 혈관의 벽에 들어가 고이며 서서히 혈관 벽이 부풀어 탄력을 잃게 되는데 이것이 동맥경화다. 이러한 증상이 관상동맥이나 뇌에서 생기면 심근경색이나 뇌경색 등으로 발전하게 된다.

마. 기미, 주근깨, 주름

자외선을 쪼이게 되면 멜라닌 색소가 형성되고, 신진대사가 쇠퇴하면 기미, 주근깨가 생긴다. 그리고 활성산소는 피부를 구성하고 있는 콜라겐을 산화시킨다. 그 때문에 콜라겐이 약해져 탄력을 잃게 되고 주름이 생긴다.

대표적인 다섯 가지의 증상을 예로 들었지만 이 밖에 백내장, 치매, 천식, 류머티즘, 아토피성 피부염도 활성산소와 관련이 있다.

활성산소를 늘리는 유해물질

가. 스트레스

스트레스는 활성산소를 일으키는 가장 큰 원인이다. 스트레스를 받으면 우리 몸의 신경과 호르몬계는 즉시 작동해 민감하게 반응하는데 이때 많은 에너지를 필요로 한다. 이 과정에서 활성산소가 다량 발생한다.

나. 과도한 자외선 노출

자외선을 많이 쬐는 일을 하는 사람은 피부노화가 빠른 편이다. 자외선 속에 들어 있는 활성산소가 피부의 기름기와 만나면 과산화지질이 돼 피부 건조와 주름을 만들고, 피부의 단백질과 만나면 인돌이 생겨 기미, 잡티가 생긴다. 또한 피부암의 원인이 되기도 한다. 따라서 항시 자외선차단제를 바르고, 운전 시에는 선글라스를 착용한다. 찜질방의 열원적외선도 피부 노화를 촉진하니 주의해야 한다.

다. 흡연, 음주

담배 연기에는 타르와 니코틴을 비롯해 활성산소이기도 한 과산화수소가 포함돼 있기 때문에 담배 1개비를 피우면 몸에는 100조 개의 활성산소가 발생한다. 흡연 외에 과음도 문제가 되는데 간에서 알코올이 분해될 때도 활성산소가 발생하기 때문이다.

라. 과도한 운동

과도한 운동은 활성산소를 유발한다. 운동을 과도하게 하면 호흡량이 증가해 필요 이상으로 많은 산소가 체내에 들어가게 되므로 활성산소가 몸에 더 많이 남게 된다. 과도한 운동은 활성산소를 많이 발생하게 하지만, 이미 몸 안에 생성된 활성산소를 없애주고 막아주는 데 가장 효과적인 것이 바로 달리기와 같은 유산소 운동이다. 운동을 하면 심폐활동이 증가해 혈액순환, 호흡, 땀 등을 통해 활성산소를 배출하게 된다. 따라서 운동을 끊는 것보다 적당량의 운동을 꾸준히 하는 것이 좋다.

마. 과식

식사를 하면 소화 과정에서 활성산소가 생긴다. 이 정도의 활성산소는 우리 몸이 조절 가능하나 문제가 되는 것은 과식이다. 과식을 하게 되면 조절이 불가능할 정도의 활성산소가 발생하고 과잉 칼로리를 보관하기 위해서는 더 많은 산소가 필요하기 때문에 활성산소도 많아지게 된다. 소식하는 사람들이 장수하는 것도 바로 활성산소 생성을 억제하기 때문이다.

바. 오래된 기름

기름은 오래 놔두거나 몇 차례씩 사용하게 되면 점점 검어진다. 이는 기름이 산화된 증거다. 산화된 기름은 일종의 활성산소라 할 수 있다. 이런 기름으로 튀김 음식을 만들어 먹으면 활성산소를 통째로 먹는 것이나 다름없다. 그렇기 때문에 한 번 사용한 기름은 버리는 것이 좋다. 그리고 기름이나 포테이토칩, 라면과 같은 인스턴트 제품을 구입할 때는 제조일을 꼭 살펴보고 사는 것이 좋다.

사. 전자파에 노출

장시간 전자파에 노출되면 활성산소가 생긴다. 컴퓨터를 장시간 사용할 때는 중간에 휴식을 취하는 것이 좋고 장시간 사용을 피해야 한다. 사용하지 않는 전자제품은 코드를 뽑아두는 것이 좋다. 또한 거리가 멀수록 전자파 피해가 적으므로 TV는 2m 이상, 컴퓨터는 1m 이상, 전자레인지는 3m 이상 거리를 두어야 한다. 전기장판, 면도기, 헤어드라이기 등 몸에 밀착시켜 사용하는 제품은 이용 횟수를 줄이는 것이 좋다.

항산화력

활성산소와 천적인 것이 항산화효소다. 항산화효소는 우리 몸에서 활성산소가 활동하지 못하도록 막아주는 역할을 하며, 항산화효소를 높이는 것이 바로 항산화력이다. 활성산소에 의한 손상은 출생부터 사망할 때까지 지속되는데 젊은 시절에는 항산화효소가 있기 때문에 그 피해가 적다. 그러나 나이가 들면 몸에서 활성산소는 증가하고 항산화효소는 감소해 활성산소에 의한 손상이 커지는 것이다. 따라서 노화를 막고 질환을 예방하려면 항산화력을 키워야 한다.

가. 항산화력을 높이는 방법

운동을 하면 활성산소가 발생하지만 또한 항산화력도 높아진다. 그러므로 적당한 운동은 항산화력을 높이는 가장 좋은 방법이다. 또한 비타민 A, C, E와 라이코펜과 같은 항산화 효과가 있는 식품을 섭취하는 것이 좋다.

나. 항산화력을 높여주는 컬러푸드(Color Food)

(1) 빨강 - 토마토, 사과, 딸기, 수박

토마토에는 강력한 항산화제 기능을 가지고 있는 라이코펜이 많다. 특히 토마토의 경우 기름으로 익히면 라이코펜이 최고 7배까지 높아진다. 그 외 사과, 딸기, 수박도 좋다.

(2) 노랑 - 당근, 바나나, 오렌지, 단호박

당근에는 베타카로틴이 많은데 이는 강력한 항산화제이며 몸속에서 비타민 A로 바뀌어 노화 방지에 효과적이다. 그 외 바나나, 오렌지, 단호박, 감 등이 있다.

(3) 초록 - 브로콜리, 키위, 청포도, 시금치

브로콜리는 비타민 C가 레몬의 2배나 될 정도로 풍부하다. 뿐만 아니라 줄기에는 비타민 A가 많다. 그 외에 키위, 청포도, 시금치 등이 있다.

(4) 보라 - 블루베리, 와인, 포도, 가지, 복분자

블루베리는 과일 중 안토시아닌 함량이 가장 높은 강력한 항산화제이며, 와인은 폴리페놀 함량이 높다. 포도는 발효하면 영양적 효능이 더 좋아져 와인이 되면 항산화력이 더 높아진다. 그 외에 가지, 복분자 등이 있다.

(5) 검정 - 검은콩, 검은깨, 김, 미역

검은콩에는 안토시아닌이라는 수용성 색소 함량이 높은데 이는 활성산소를 중화시키는 효과가 있다. 그 외 검은깨, 미역, 김 등이 있다.

다. 항산화력을 높이는 영양제의 효과

노화를 늦춰준다는 항산화제가 시중에 많이 나와 있지만 적절한 운동과 풍부한 채소 및 과일의 섭취, 충분한 수면과 스트레스 관리, 금연과 절주가 가장 중요하다.

이것으로 부족할 때 항산화제를 추가로 사용할 수 있지만, 평소 습관을 고치는 것이 우선되어야 한다.

라. 슈퍼처방전

몸에 활성산소가 많을수록 노화를 앞당기고 질환을 유발하며 더불어 수명까지 단축시키게 된다. 활성산소를 발생하게 하는 과한 행동 즉 과식, 과도한 운동, 스트레스, 과음, 흡연 등의 습관은 버리고 소식, 적당한 운동, 긍정적 사고, 금연, 절주를 생활화하면 활성산소를 낮춰 젊고 건강한 삶을 영위할 수 있다.

02 블루베리 과실 성분과 기능성

과실 성분

가. 기초 성분과 무기질

블루베리 과실의 기초성분은 탄수화물, 무기질로는 아연(Zn), 구리(Cu) 및 망간(Mn)을 비교적 많이 함유하고 있다. 탄수화물은 평균 13.8%로 낙엽과수의 대표적인 과실인 사과와 거의 비슷하다. 나트륨(Na) 함량은 1.0mg 정도이고, 칼륨(K)은 80mg, 칼슘(Ca)은 7.2mg, 마그네슘(Mg)은 5.1mg, 인(P)은 9.7mg 정도다. 철(Fe)은 평균 0.2mg, 아연(Zn)은 109㎍으로 상당히 높다. 블루베리 종류별로 비교하면 에너지와 탄수화물 함량은 래빗아이 블루베리가 높고, 칼슘 함량은 하이부시 블루베리가 높다.

나. 비타민류

하이부시 블루베리의 비타민 A(카로틴) 함량은 55㎍으로 사과보다 5배 많다. 비타민 B 함량은 0.035mg, 나이신은 0.30mg, 엽산은 8.5mg으로 사과나 배보다 많다. 비타민 C의 함량은 9.0~16.7mg 전후로 사과에 비해 높지만, 감귤류의 1/3 정도다. 카로틴 함량과 비타민 A 효력은 하이부시 블루베리가 높고, 비타민 B2와 엽산, 비타민 C는 래빗아이 블루베리가 높다.

다. 식이섬유

블루베리는 과피와 종자까지 먹기 때문에 식이섬유 함량이 높다. 블루베리에 함유된 식이섬유는 과실 100g당 불용성 식이섬유(셀룰로스, 헤미셀룰로스, 리그닌)

3.7g과 수용성 식이섬유(펙틴) 0.4g으로 총 4.1g 함유돼 있다. 이는 참다래 2.9g, 바나나 1.7g, 사과 1.3g에 비해 월등히 높은 수치다. 수용성 식이섬유는 혈청 및 간의 콜레스테롤 함량을 저하시키며 불용성 식이섬유는 장내 운동과 변비를 개선해 주고 대장암, 직장암 예방에 도움을 주는 것으로 알려져 있다.

라. 아미노산

블루베리 성숙과는 18종의 아미노산을 함유하고 있다. 주로 글루타민산(0.083g), 아스파라긴산(0.052g), 로이신(0.040g), 아르긴(0.034g), 알라닌(0.028g) 등으로 과실의 성숙 단계에 따라 함량은 변화한다.

마. 당, 유기산

하이부시, 래빗아이 블루베리의 주요 당은 포도당(Glucose)과 과당(Fructose)으로, 약 1:1의 비율로 함유돼 있으며 전체 당의 90% 이상을 차지한다. 과실 생장 기간 중의 당 함량 변화 조사 결과에 따르면 총 당 함량은 하이부시 및 래빗아이 블루베리 모두 유과기에서 성숙기에 가까워질수록 높아지고, 특히 포스트 클라이맥터릭(Post Climacteric) 이후에 급증했다. 또 과피색과 연관해 보면 착색이 진행될수록 당 함량은 증가했다. 과실 중 당은 일반적으로 품종과 재배지의 자연 조건, 각종 재배 관리법에 따라 다르기 때문에 엄밀한 비교에서는 주의가 필요하다. 또한 당 함량은 성숙(착색)의 정도에 따라 크게 다르다. 총당 및 환원당 함량이 미숙과에서 낮고 적숙과에서 높아진다는 것은 하이부시 및 래빗아이 블루베리 각 품종의 공통적인 특징이다.

주요 유기산은 북부 하이부시의 경우 구연산, 사과산, 숙신산이며 구연산이 약 60% 가량의 비율을 차지하고 있다. 래빗아이의 경우는 사과산(42%)과 숙신산(42%)이 주요산을 차지하고 있다.

바. 안토시아닌 및 폴리페놀 화합물

블루베리에 들어 있는 안토시아닌은 5개의 안토시아니딘(델피니딘, 시아니딘, 페튜니딘, 말비딘, 페오니딘)에 3종류의 당(글루코스, 갈락토스, 아라비노스)이 결합돼

15가지 종류의 안토시아닌이 존재하는 것으로 밝혀졌다. 블루베리에 함유된 안토시아닌 함량은 생과실 100g당 로우부시 188mg, 하이부시 100mg, 래빗아이 210mg이다. 이는 빌베리의 370mg보다는 적지만, 딸기(25mg/100g)보다는 4~5배 높은 수치이다. 블루베리에는 안토시아닌 이외에도 클로로겐, 폴리페놀 배당체, 카테킨 등 다양한 종류의 페놀 물질이 존재한다.

과실의 기능성

가. 일반적인 효능

(1) 과실 중 가장 뛰어난 항산화제

일상생활에서 사람이 호흡하는 산소의 약 20%가 활성산소로 변환되며, 이러한 활성산소는 하루에 10,000번 정도 인체 내 세포를 공격하고 있다고 한다. 인간에 있어 감염병을 제외한 질병의 90%가 활성산소에 기인하며 심장병, 뇌졸중, 당뇨병, 비만, 고지혈증 등 각종 생활습관병과 암, 노화에도 직접적인 영향을 미친다. 이러한 활성산소를 제거하는 힘의 세기를 항산화 활성능이라고 한다. 미국 농무부의 연구에 의하면 블루베리와 기타 40여 가지의 갓 채집한 신선한 과실 및 채소를 비교한 결과, 블루베리의 항산화제 효과가 가장 큰 것으로 나타났다. 이는 블루베리의 보라색 성분인 안토시아닌 작용 덕분인데, 이 성분은 만성질환을 일으키고 암이나 노화를 진행시키는 활성산소를 중성화하는 역할을 한다.

(2) 노화 억제 및 기억력 증진 효과

블루베리의 항산화 효과는 노화 방지에도 긍정적인 역할을 한다. 실제 블루베리를 실험용 쥐에게 먹인 결과, 노화에 따른 정신적 손상을 늦출 수 있다는 연구결과가 밝혀지기도 했다. 이 때문에 '자동차 키를 어디에 두었는지 알고 싶다면 블루베리를 먹어라'라는 말이 생기기까지 했다.

미국 농무부 인간노화 실험센터 조셉 박사의 실험 결과에 의하면 안토시아닌이 쥐의 노화에 따르는 기억 손실을 방지해 주고, 동작 조정을 도와준다고 한다.

(3) 나쁜 콜레스테롤 수치 저하

블루베리를 먹으면 체내 나쁜 콜레스테롤 수치를 줄일 수 있다. 따라서 콜레스테롤 축적으로 인한 뇌졸중 및 심장 혈관계통 질환 발생률을 떨어뜨려 준다. 더불어 비만 퇴치에도 좋은 효과가 있다.

(4) 요로 계통 감염 예방

요로 건강을 촉진하고 요로감염증 발생 위험을 감소시키는 데에도 블루베리가 효과적이라는 연구결과가 있다. 이는 블루베리 성분이 방광이나 소변기관의 요로에 박테리아가 서식하지 못하도록 막아 주기 때문인 것으로 알려져 있다.

(5) 시력 보호 및 개선 작용

블루베리는 시력 개선과 밀접한 관계가 있다. 유럽, 일본 등에서 행해진 연구에 의하면 보라색 채소가 눈 건강에 좋으며 이는 안토시아닌 때문인 것으로 알려져 있다. 안토시아닌 성분을 다량 함유하고 있는 블루베리 역시 눈의 피로를 풀어주는 등 시력 개선 및 향상에 좋은 효과가 있다고 할 수 있다.

안토시아닌의 기능으로는 사람의 시각에 대한 효과와 인체에 대한 생리 및 병리적인 효과를 들 수 있다.

인간의 망막에 존재하는 시홍세포라 불리는 로돕신(Rhodopsin)은 빛의 자극을 뇌로 전달해 '물체가 보인다'고 느끼게 한다. 눈을 계속적으로 사용하는 동안에 로돕신은 서서히 분해되고, 또 나이가 들면서도 분해된다. 이 로돕신은 비타민 A가 옵신(Opsin)이라는 단백질과 결합해 생성되게 되는데, 로돕신이 분해되는 만큼 그 생성이 이루어지지 못하면 물체가 잘 안 보이게 되는 시력 저하가 진전되는 것이다.

연구 결과 야생 블루베리 색소가 이 로돕신의 재합성 작용의 활성화를 촉진시키는 기능을 하는 것으로 알려졌다. 특히 블루베리 색소는 델피니딘에 메틸기 1개가 들어간 페튜니딘계와 메틸기 2개가 들어간 말비딘계의 구성 비율이 극히 높고, 15종류의 안토시아닌 색소가 델피니딘 배당체와 혼재한다. 천연으로 생합성된 이 같은 특유의 청자색 색소가 인간의 눈에 기능성을 부여하는 것이다.

블루베리 생과를 1일 40g(과실 20~30개) 이상을 3개월 이상 지속해 섭취할 경우 시력 개선 및 시력 감퇴 억제 효과가 있는 것으로 보고됐다. 블루베리 섭취 후 약 4시간 후 안토시아닌의 효력이 나타나며, 24시간 이내에 소실되는 것으로 보고됐다. 따라서 블루베리 과실을 지속적으로 섭취하는 것이 중요하다.

(6) 변비 및 대장암 예방에 특효

블루베리는 식이섬유의 주요 공급원이다. 블루베리 100g에는 2.7g의 식이섬유가 함유돼 있어 그 양이 바나나의 2.5배에 달한다. 블루베리가 포함하고 있는 섬유질은 장내에서 당과 콜레스테롤이 흡수되는 것을 억제하고 유해물질이 생성되는 것을 방지해 장을 건강하게 한다. 따라서 변비에 특효를 보이며 대장암 예방 효과를 갖는다.

제3장

과원 경영과 재배 환경

01 과원 경영 형태

블루베리 과원은 농장주가 직접 수확하고 출하하는 폐쇄형 과원과 소비자에게 농장을 개방해 과실 수확과 다양한 체험을 제공해 주는 개방형 과원으로 구분할 수 있다. 가능하다면 두 방식을 적절히 혼용하는 것이 안정적 소비층 확보 및 수익 구조 확대에 유리하다.

개방형 과원의 경영과 과제

국내 주요 과수원은 농장주가 직접 과실을 수확해 출하하는 폐쇄형 과원이 대부분인 것에 반해 외국의 블루베리 과원은 개방형 과원이 많은 부분을 차지하고 있다. 블루베리는 수확하는 데 많은 노동력이 소요되기 때문에 개방형 과원 운영은 매우 효율적인 경영수단이 될 수 있다.

소비자가 개방형 과원을 찾는 이유는 블루베리가 눈과 건강에 좋을 뿐 아니라 더 나아가 먹거리의 안정성과 신뢰성을 확인할 수 있기 때문이다. 또한 바쁜 일상에서 벗어나 과수원에서 과실을 수확하고 음식과 잼을 만드는 등 전원을 보고 느끼며 정서적으로 치유받고 해방되고 싶은 마음도 있을 것이다. 개방형 과원은 이 요구에 기본적으로 부응할 수 있어야 한다.

개방형 과원의 개원 조건

농장이 도시와 멀리 떨어져 있다면 불편한 교통 때문에 고객 확보가 불리하다. 반면에 주차공간과 휴식용 원두막 및 야영장 그리고 화장실과 같은 부대시설 등을 넉넉하게 제공할 수 있으며, 주변 자연경관을 그대로 이용할 수 있다는 장점이 있다. 또한 방문한 고객에게 블루베리로 만든 음식과 잼, 소스, 주스 등 다양한 가공품을 현장 판매할 수 있으며 향후 직거래를 할 수 있는 토대 역시 마련할 수 있다.

02 재배 경영상의 특징

어떤 형태의 과원을 만들든 고품질 블루베리를 지속적으로 생산할 수 있는 과원 조성이 기본이며 이를 위해 블루베리와 토양의 특성, 재배, 경영상의 특성을 이해하고 있어야 한다.

블루베리는 관목이며 뿌리털이 없다.

잘 자란 블루베리 수관 크기는 감귤나무와 비슷하며, 여러 개의 주지를 갖는 관목이다. 주지의 수는 8~10개가 적당하다. 6년 이상 된 주지는 물관의 막힘과 압착 때문에 생산성이 크게 떨어지고 새로운 가지 및 주지 발생을 억제한다. 따라서 수관이 가급적 6년 이하의 젊은 주지로 구성되도록 오래된 주지는 제거해야 한다.

블루베리 뿌리는 크게 두 가지 형태로 나눌 수 있다. 연필 두께로 저장과 지지 역할을 하는 뿌리와 직경이 50μm 정도의 가늘고 실 같은 뿌리인데, 그중 후자가 양분 흡수 기능을 가지는 양육 뿌리다. 이 뿌리는 정단 분열조직을 감싸는 가는 근관으로 구성돼 있으며, 근관은 점액질을 분비함으로써 정단 분열조직을 보호하고 뿌리가 토양을 헤치고 나아가도록 도와준다. 블루베리 뿌리는 뿌리털이 없으며 오래된 뿌리의 구조는 줄기와 비슷하다. 잘 자란 블루베리 뿌리는 지표 30cm 이내, 주간 60cm 이내에 전체 뿌리의 약 95%가 분포한다.

품종을 선택할 때는 온도를 고려해야 한다.

생육에 알맞은 기상 조건, 특히 온도 조건은 계통과 품종에 따라 다르다. 북부 하이부시 블루베리의 안정 재배 지역은 복숭아와 사과재배 지대와 비슷하며, 남부 하이부시 블루베리와 래빗아이 블루베리의 재배지는 더 따뜻한 남부 지역이 안전하다.

토양 환경이 매우 중요하다.

블루베리의 뿌리는 세근이 없기 때문에 토양과 접촉할 수 있는 뿌리 표면적이 적고, 공극의 크기가 작거나 밀도가 높은 무거운 토양에서는 잘 자라지 못한다. 따라서 유기물을 이용해 공극이 크고 밀도가 낮은 가벼운 토양을 조성해야 한다. 화학적으로는 다른 작물과 달리 산성 토양에서 잘 자라며, 양분 요구량이 적다.

결실 연령이 빠르다.

번식은 삽목(꺾꽂이)으로 하며 시기는 봄(전정 후)에 하는 것이 편리하고 안전하다. 삽수의 규격은 볼펜 크기와 두께면 충분하며, 반드시 꽃눈이 없는 건전한 가지로 해야 한다.

삽목한 묘는 약 24개월 후 과원에 정식하며, 재식 1년 차에는 꽃을 제거해 주어야 나무가 잘 자란다. 블루베리는 재식 6~7년 차가 되면 완전한 성목이 된다.

수확에 노동력이 든다.

과실은 평균 1.5~2.0g이다. 1kg의 과실을 수확하려면 500~700번의 손 움직임(노동력)이 필요하다. 착과량을 줄이면 과실이 커지기 때문에 생산성이 높아지고 높은 가격을 받을 수 있다. 성목의 평균적인 수량은 4~5kg(800~1,000kg/10a)이나 품종과 토양 조건에 따라 생산량이 크게 차이가 난다.

수확할 때 기온이 높은 한낮은 피해야 덜 물러지고, 과실 표면의 흰색 분이 벗겨지지 않도록 해야 한층 더 고급스러워진다.

과실이 부드럽고 유통 기간이 짧다.

블루베리 과실은 표면이 부드럽고 저장 기간이 짧다. 특히 수확기가 장마기와 겹치면 수확, 출하, 판매 등 제반 사항에서 어려움이 발생한다. 과실 특성상 성숙기의 기상 조건이 가장 중요한 요인 중 하나다.

과실의 이용 용도가 넓다.

블루베리 과실은 생과 외에 잼, 주스, 젤리, 와인 등으로 가공된다.

03 재배 환경

기상 조건

가. 연평균기온과 재배 적지

평균기온에 따라 재배되는 블루베리의 종류가 다르다.

표 3-1. 미국, 독일 및 뉴질랜드 블루베리 재배지의 평균기온과 강수량

대표적인 블루베리 재배지 인접 도시(위도)	블루베리 종류	평균기온(℃)			가장 추운 달 평균기온(℃)	강수량(mm)		
		연	생장기	휴면기		연	생장기	휴면기
일리노이주 시카고 (북위: 41°41′)	북부 하이부시	9.9	17.5	-0.7	1월 -6.2	949	647	302
뉴욕주 뉴욕 (북위 40°46′)	북부 하이부시	12.4	18.9	3.4	1월 -0.2	1,069	644	425
노스캐롤라이나주 로리 (북위 35°77′)	북부 하이부시 래빗아이	15.0	20.8	6.9	1월 4.2	1,061	637	424
조지아주 애틀랜타 (북위 33°33′)	래빗아이	16.2	21.8	8.5	1월 5.0	1,290	692	598
플로리다주 잭슨빌 (북위 33°33′)	래빗아이 남부 하이부시	20.3	24.6	14.2	1월 11.6	1,296	894	402
오리건주 포틀랜드 (북위 45°36′)	북부 하이부시	12.0	16.0	6.4	1월 4.3	932	316	616
독일 함부르크 (북위 53°38′)	북부 하이부시	8.7	13.1	2.4	1월 0.5	770	467	303
뉴질랜드 크라이스트처치 (남위 43°29′)	북부 하이부시	11.5	14.4	7.6	7월 6.0	624	342	282

주) 기상 조건 : 생장기는 4~10월, 휴면기는 11~3월

표 3-2. 일본 블루베리 재배지 기상 조건

도시	평균기온(℃)			최한월의 최저기온의 평균(℃)	강수량(mm)			서리(월/일)	무상 기간 (생육 기간) (일)
	연	생장기	휴면기		연	생장기	휴면기	초상~만상	
삿포로	8.2	14.9	-1.2	1월 -8.4	1,131	648	483	10/14~4/25	169
모리오카	9.8	16.5	0.6	1월 -6.5	1,264	906	358	10/14~5/ 4	162
야마가다	11.2	17.7	2.0	1월 -4.1	1,126	736	390	10/19~5/ 5	166
나가노	11.5	18.1	2.0	1월 -4.9	939	710	229	10/25~4/28	179
도쿄	15.6	21.0	8.0	1월 1.2	1,406	1,066	340	12/ 1~3/13	262
마쓰에	14.3	20.0	6.4	1월 0.5	1,895	1,204	691	11/20~4/14	203
후쿠오카	16.2	21.7	8.6	1월 2.5	1,604	1,222	382	12/ 2~3/21	255
가고시마	17.6	22.9	10.1	1월 2.6	2,149	1,728	421	11/28~3/11	261

주) 기상 조건 : 생장기 4~10월, 휴면기 11~3월, 일본국립 천문대 자료. 1997.

(1) 하이부시 블루베리(북부형 중심으로)의 적지

재배 온도 측면에서 하이부시 블루베리 적지는 복숭아 또는 사과 주산지와 거의 일치한다.

미국의 하이부시 블루베리 재배지는 5대호 지방의 미시건주에서 동쪽으로는 매사추세츠주에 걸치고 남쪽으로는 뉴저지주에서 노스캐롤라이나주 남동부까지, 내륙 지역은 아칸소주까지 넓은 지역에 분포하고 있다.

미국 주요 산지의 연평균기온을 비교하면 최대 블루베리 생산지인 미시건주와 인접한 일리노이주의 시카고는 연평균기온이 9.9℃, 뉴욕주의 뉴욕은 12.4℃, 상대적으로 남부에 위치한 노스캐롤라이나주의 로리는 15.0℃이다.

유럽 국가 중 블루베리 주 재배국인 독일의 함부르크 연평균기온은 8.7℃다. 1~2월에 걸쳐 일본에 생과를 수출하는 뉴질랜드 크라이스트처치의 연평균기온은 11.5℃다. 따라서 미국, 독일 그리고 뉴질랜드 등 대표적인 블루베리 재배지의 연평균기온으로 추론해 보면 하이부시 블루베리 적지의 연평균기온은 8.7~15.0℃ 사이로 볼 수 있다.

일본의 하이부시 블루베리는 홋카이도 중부에서 규슈 지방의 비교적 냉랭한 지역까지 넓게 재배되고 있다. 이 지역의 기온은 삿포로 8.2℃에서 도쿄 15.6℃ 사이이며, 미국과 독일의 재배 지역과 유사하다.

(2) 래빗아이 블루베리(남부형 하이부시 포함)의 적지

래빗아이 블루베리 재배지는 북부 하이부시 블루베리 재배지보다 따뜻한 지역에 위치한다. 미국의 래빗아이 블루베리 주산지는 조지아주와 플로리다주이며, 이 지역의 연평균 기온은 16.2~20.3℃(애틀랜타와 잭슨빌 등)이다. 노스캐롤라이나주는 북부 하이부시 블루베리와 함께 재배된다.

일본의 래빗아이 블루베리 재배지는 관동 이남에서 가고시마현까지 분포한다. 이 지역 연평균기온은 17.6℃로 애틀랜타의 16.2℃보다 높아 북부 하이부시 블루베리 재배에 불리하다. 도쿄, 지바, 이시카와, 시마네현 그리고 구마모토에서는 미국 노스캐롤라이나주와 마찬가지로 하이부시 블루베리와 같이 재배된다.

나. 저온요구도

블루베리가 휴면을 타파하려면 7.4℃ 이하의 저온에 일정 기간 노출되어야 한다.

북부 하이부시 블루베리는 800~1,200시간, 래빗아이 블루베리는 400~800시간 그리고 남부 하이부시 블루베리는 약 200시간 내외의 기간이 요구된다.

일반적으로 더 많은 저온을 받을수록 더 강한 봄 생육을 할 수 있다. 적정한 저온을 받지 못하면 발아와 과실의 성장이 불량해진다. 꽃눈은 봄에 일찍 눈이 트이기 때문에 잎눈보다 더 적은 저온요구도를 가진다.

다. 내한성

블루베리 재배 한계선은 생장 기간과 내한성에 의해 결정된다. 내한성은 종류와 품종에 따라 다른데, 북부 하이부시 블루베리는 래빗아이 블루베리와 남부 하이부시 블루베리보다 내한성이 강해 -30℃ 정도까지 겨울철 저온에 견딜 수 있다. 북부형 하이부시 블루베리는 미국의 1월 중순 -26℃의 저온에서도 꽃눈의 장해가 나타나지 않았지만, 래빗아이 블루베리는 꽃눈 고사가 관찰되었다고 한다. 내한성은 품종에 따라 차이가 있으며, 북부 하이부시 블루베리 중 내한성이 높은 품종은 '저지', '허버트' 그리고 '블루크롭'이며 래빗아이 블루베리는 '팁블루'가 강한 것으로 알려져 있다.

일본 홋카이도에서는 눈 위로 노출된 북부 하이부시 블루베리의 신초와 꽃눈이 종종 동해를 받는다. 래빗아이 블루베리의 경우 -12℃ 이하의 저온에서는 신초에 동해가 발생하기 때문에 겨울철 기온이 -12℃ 이하가 되는 곳에는 래빗아이 블루베리 재배를 권장하지 않고 있다.

내한성은 눈의 종류 및 가지 위치에 따라서도 다르며 북부 하이부시 블루베리인 '얼리블루'의 꽃눈은 -29℃ 이하에서, 휴면지는 -34℃ 이하에서 동해가 발생한다. 한편 가지 기부의 꽃눈은 앞쪽 끝의 꽃눈보다도 내한성이 강하다.

라. 우리나라에서의 안전 재배지

(1) 하이부시 블루베리

하이부시 블루베리는 국내에서 동해를 받지 않고 안전하게 월동이 가능하나 4월 개화기에 늦서리가 내리면 꽃눈이 피해를 받는다. 이에 늦서리 기간을 고려해 개화시기가 겹치지 않는 품종을 선택해야 안정적으로 재배를 할 수 있다.

국립원예특작과학원에서 조사한 결과 수원 지방의 블루베리 개화기는 4월 중순~5월 초순이었다. 수원을 기준으로 하이부시 블루베리 37개 품종 중에서 개화기가 가장 빠른 품종은 4월 17일인 '랑코카스'였으며 이후 '노스랜드', '블루골드', '칩페와', '패트리어트' 순으로 4월 20일까지 13개 품종이 개화하였다. 4월 20일이 넘어 4월 말까지 개화가 되는 품종은 '콜린스', '크로아탄', '넬슨' 등 21품종이었으며 5월에 개화되는 품종은 '다로우', '매그놀리아', '엘리엇' 등 3품종이었다.

하이부시 블루베리의 꽃눈은 휴면 기간에는 -28℃까지도 저온에 피해를 받지 않으나 개화기인 4월~5월 초에는 저온에 민감하여 피해를 입을 수 있다. 하이부시 블루베리를 재배하고자 하는 지역의 4월 최저 온도가 -3℃ 이상일 경우에서는 늦서리에 대한 꽃눈의 피해가 거의 나타나지 않지만 -3~-5℃에서는 피해가 10~20% 정도로 다소 예상되고 -5℃ 이하가 되면 피해가 50% 이상으로 클 것으로 예상되므로 늦서리가 발생하는 지역은 개화기가 늦은 품종을 식재하여 회피해야 한다.

표 3-3. 하이부시 블루베리의 품종별 개화 시기(수원 기준)

품종	개화 시기	품종	개화 시기	품종	개화 시기
랑코카스	4/17	콜린스	4/21	허버트	4/27
노스랜드	4/18	크로아탄	4/21	스파르탄	4/28
블루골드	4/18	넬슨	4/22	레이트블루	4/29
칩페와	4/18	듀크	4/22	버링턴	4/29
해트리어트	4/18	블루레이	4/22	버클리	4/29
폴라리스	4/18	저지	4/22	시에라	4/29
미더	4/19	조지아젬	4/22	얼리블루	4/30
블루헤븐	4/19	브리지타	4/24	다로우	5/4
프렌드십	4/19	블루레카	4/24	매그놀리아	5/4
블루제이	4/21	샤프블루	4/24	엘리엇	5/4
블루크랍	4/21	누이	4/27	–	–
블루타	4/21	딕시	4/27	–	–
웨이마우스	4/21	토로	4/27	–	–

주) 2014 농촌진흥청 영농활용

그림 3-1. 블루베리 품종별 개화

주) 2014 농촌진흥청 영농활용

따라서 늦서리가 상습적으로 발생하는 지역은 꽃 피는 시기가 늦은(4월 하순~
5월 초순) '버클리', '버링턴', '다로우', '얼리블루', '엘리엇', '레이트블루', '시에
라'가 적합하며 간헐적으로 늦서리 발생이 예상되는 지역에서는 이 외에 '블루레
이', '블루레카', '브리지타', '딕시', '듀크', '허버트', '넬슨', '누이', '샤프블루', '스
파르탄', '토로' 등을 선택하면 된다. 그 이외의 지역에서는 위의 품종을 포함한 '블
루크랍', '블루골드', '블루헤븐', '블루제이', '블루타', '칩페와', '콜린스', '크로
아탄', '프렌드십', '조지아젬', '저지', '미더', '노스랜드', '패트리어트', '폴라리스',

'랑코카스', '웨이마우스'의 안전 재배가 가능하다. 따라서 늦서리 피해가 간헐적으로 예상되는 지역에서 추천 품종이 아닌 품종을 심을 경우에는 방상팬이나 미세살수 장치 등 늦서리 방지 대책을 마련한 후 심어야 한다.

구분	늦서리 회피 가능 품종
Ⅰ 지역 : 대관령, 봉화, 임실, 철원	버클리, 버링턴, 다로우, 얼리블루, 엘리엇, 레이트블루, 매그놀리아, 시에라
Ⅱ 지역 : 강화, 거창, 금산, 남원, 문경, 문산, 보은, 부여, 서산, 순창, 양평, 영월, 영주, 영천, 의성, 이천, 인제, 장수, 제천, 청송, 추풍령, 춘천, 태백,	블루레이, 블루레카, 브리지타, 딕시, 듀크, 허버트, 넬슨, 누이, 샤프블루, 스파르탄, 토로
Ⅲ 지역 : 강릉, 강진, 거제, 경주, 고산, 고창, 고흥, 광주, 구미, 군산, 김해, 남해, 대구, 대전, 동두천, 동해, 마산, 목포, 밀양, 백령도, 보령, 보성, 부산, 부안, 부여, 산청, 상주, 서귀포, 서울, 성산, 속초, 수원, 순천, 안동, 양산, 여수, 영광군, 영덕, 완도, 울릉도, 울산, 울진, 원주, 인천, 의령, 장흥, 전주, 정읍, 제주, 진도, 진주 창원, 천안, 청주, 충주, 통영, 포항, 함양군, 합천, 해남, 홍천, 흑산도	Ⅰ, Ⅱ 지역 품종 + 블루크랍, 블루골드, 블루헤븐, 블루제이, 블루타, 칩페와, 크로아탄, 프렌드십, 조지아젬, 저지, 미더, 노스랜드, 패트리어트, 폴라리스, 랑코카스, 웨이마우스

그림 3-2. 하이부시 블루베리의 개화기(4월) 온도에 따른 지역별 늦서리 회피 가능 품종(수원 기준)
주) 2014 농촌진흥청 영농활용

(2) 래빗아이 블루베리

한계저온에 노출된 래빗아이 블루베리의 꽃눈은 씨방이 갈변하는데, 이것을 바탕으로 조사한 결과 내한성이 가장 낮은 품종은 '블루젬'과 '홈벨'(-13.3℃)이고 가장 높은 내한성을 나타낸 품종은 '티프블루'(-25℃)이다. '보니타', '가든블루', '브라이트

블루', '사우스랜드'는 -15.0~-16.7℃ 범위이며 '딜라이트', '브라이트웰', '오스틴', '클라이막스'는 -18.3℃, '블루벨', '우다드' 그리고 '파우더블루'의 내한성은 -20℃ 범위이다.

표 3-4. 저온 처리에 따른 '가든블루'와 '브라이트웰'의 꽃눈 동해 발생상

품종	-5℃	-10℃	-15℃	-20℃	-25℃
가든블루					
브라이트웰					

주) 2014 농촌진흥청 영농활용

표 3-5. 래빗아이 블루베리 품종별 꽃눈의 내한성(LT_{50})평가(2012~2014)

품종	LT_{50}[1]($\degree$C)	표준오차[2]($\degree$C)
블루젬	-13.3	2.9
홈벨	-13.3	2.9
보니타	-15.0	5.0
가든블루	-16.7	2.9
브라이트블루	-16.7	7.6
사우스랜드	-16.7	5.8
딜라이트	-18.3	2.9
브라이트웰	-18.3	5.8
오스틴	-18.3	2.9
클라이막스	-18.3	2.9
블루벨	-20.0	5.0
우다드	-20.0	0.0
파우더블루	-20.0	0.0
티프블루	-25.0	0.0

1) 씨방의 갈변율이 50%에 도달한 온도
2) 3년간 처리에 따른 LT_{50} 편차
주) 2014 농촌진흥청 영농활용

또한 꽃눈의 내한성(LT$_{50}$)을 조사한 결과 래빗아이 블루베리 중 내동성이 가장 낮은 품종은 '블루젬'과 '홈벨'(-13.3℃)이었고, 가장 높은 품종은 '티프블루'(-25℃)이다. '보니타', '가든블루', '브라이트블루', '사우스랜드'의 내동성은 -15.0~-16.7℃ 범위이며 '딜라이트', '브라이트웰', '오스틴', '클라이막스'는 -18.3℃, '블루벨', '우다드', '파우더블루'는 -20℃ 범위이다.

품종별 꽃눈의 내동성을 바탕으로 1981년부터 2010년까지의 30년간의 극최저기온을 이용하여 안전재배 가능지대를 분류하면 품종에 따라 총 6개 영역으로 구분할 수 있다. 주로 전남과 전북 지역에서 안정적이며, 일부 품종의 경우 전북과 경북 북부 지역까지 확대된다. 내동성이 가장 높았던 '티프블루'는 유일하게 충북과 경기, 강원 해안 일부 지역까지도 재배가 가능하다. '블루벨', '우다드', '파우더블루'는 전북과 경북의 일부 지역에서도 재배가 가능하나 '브라이트웰'을 포함한 나머지 9개 품종은 전남과 경남 그리고 제주 지역에서 재배가 가능하다. 특히 '블루젬'과 '홈벨'은 제주와 경남 그리고 전남 해안지대에서만 내동성이 인정되어 재배 안전 영역이 매우 협소하다.

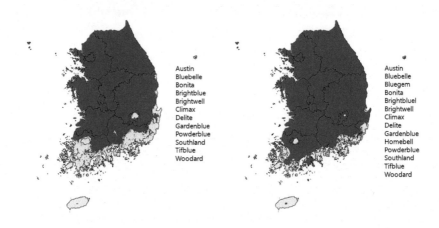

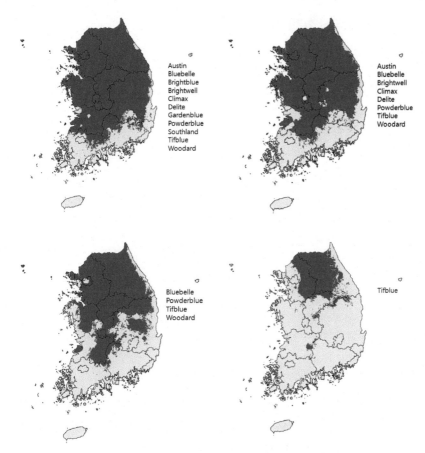

그림 3-3. 지역별 평년(1981-2010) 최저온도를 바탕으로 구분한
래빗아이 블루베리 품종별 재배 안전지대 *황색 : 안전지대

주) 2014 농촌진흥청 영농활용

마. 강수량

블루베리 생장 및 과실의 성숙 기간 중에 필요로 하는 강수량은 토양 조건, 나무의 수령 등에 따라 다르지만 일주일에 25~50mm이다. 이 양은 생육 기간 (4~10월) 동안 700~1,400mm에 해당된다.

우리나라는 연간 1,000~1,850mm의 강수량을 갖지만, 장마와 건조가 공존하기 때문에 자연 강우만으로는 적절한 토양 수분 관리에 한계가 있다. 따라서 관수 시설을 통한 적절한 토양 수분 관리가 필요하다.

바. 생육 가능 일수(무상 기간)

늦서리에서 첫서리까지의 무상 기간을 생육 가능 일수라 한다. 이 기간에 따라 지역별로 재배 가능한 블루베리 종류가 제한받게 된다.

(1) 로우부시 블루베리

캐나다와 미국 북동부 극한냉지에 자생하는 로우부시 블루베리는 생육일수가 100~150일로 짧다. 또한 과실이 작기 때문에 생과로는 부적합하다. 북부 하이부시 블루베리보다 토양 적응성이 높기 때문에 정원용으로 적당하다.

(2) 반수고 하이부시 블루베리

북부 하이부시 블루베리와 같은 생육일수를 필요로 한다. 수고가 낮고 내한성이 뛰어나기 때문에 겨울철 기온이 매우 낮은 지역에 적합하다.

(3) 북부 하이부시 블루베리

북부 하이부시 블루베리의 적정 생육일수는 160일 이상이며, 국내는 전 지역에서 재배 가능하다.

(4) 남부 하이부시 블루베리

남부 하이부시 블루베리의 적지는 래빗아이 블루베리와 유사하며 저온요구량이 200시간 정도로 적다. 남부 하이부시 블루베리의 개발로 미국의 블루베리 재배 지역은 플로리다 중남부까지 확대되었고, 호주의 아열대 지역에서도 재배가 시작되었다.

(5) 래빗아이 블루베리

래빗아이 블루베리는 미국의 경우 생육일수가 266일인 플로리다 북부와 조지아가 적지이지만, 이 지역 산간 지대의 생육일수가 160일인 지역에서도 생육은 가능하다. 한국에서는 제주와 남부 지역이 유리하다. 생육일수가 짧은 한랭지에서는 꽃눈 형성과 결실이 불량하며, 겨울철에 지상부가 동해를 받기 쉽다.

사. 토양 환경

토양은 생물과 무생물로 이루어진 복잡하고 역동적인 물질이며 공간이다. 그 공간 안을 구성하고 있는 공기, 물, 무기물 그리고 유기물들이 토양을 끊임없는 동적상태로 유지한다.

토양은 크게 유기토양과 무기토양으로 구분한다. 유기토양은 유기물 함량이 25% 이상인 토양을 말하며 주로 한랭 지역에 분포하고 있고, 그 외 토양은 무기토양이다. 한국의 토양은 3% 내외의 유기물 함량을 가진 무기토양이다. 이와 같은 무기토양은 점토(0.002mm이하), 미사(0.02~0.002mm), 모래(0.02mm이상)로 구성되며 이들의 구성비에 따라 다양한 물리적 특징을 갖는다.

(1) 토성

토성이란 토양의 물리적 성질을 나타내며, 토양을 구성하는 입자 크기(모래, 미사, 점토)로 구분한다. 이들의 함유 비율에 따라 보수력과 보비력이 차이가 나며, 뿌리발달에도 큰 영향을 미친다.

일반적으로 블루베리에 적합한 토성은 양토 또는 사양토이지만, 다른 토성 역시 토양 개량을 통하여 극복할 수 있다. 래빗아이 블루베리는 하이부시 블루베리보다 토양 적응성이 넓어 점토질이 많은 식양토에서도 재배할 수 있다. 토양의 배수, 통기, 경운, 뿌리의 신장은 사토가 우수한 반면 보수성과 보비력은 식토가 우수하다. 따라서 좋은 토양이란 이 두 성질이 적절히 혼합된 토양이라 할 수 있다.

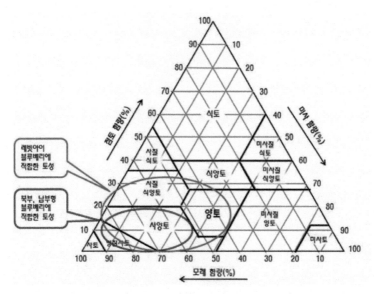

그림 3-4. 토양의 3상 분포도와 블루베리재배 적합 토성

표 3-6. 토성에 따른 토양 물리성과 토양 화학성의 차이

특성	토성 구분		
	사토 (Sand)	미사 (Silt)	식토 (Clay)
투수성	좋음	중간	나쁨
보수성	나쁨	중간	좋음
배수성	뛰어남	중간	나쁨
수식성	용이함	중간	어려움
통기	뛰어남	좋다	나쁨
양이온 교환	낮음	중간	높음
경운	용이함	중간	나쁨
뿌리 신장	용이함	중간	나쁨
봄철의 지온	상승이 일찍됨	중간	상승이 늦어짐

(2) 토양의 3상

그림 3-5. 이상적인 토양의 3상

동일한 토성이라도 토양 입자가 서로 어떻게 결합돼 있는가에 따라 보수력이나 통기성이 달라진다. 토양은 무기물과 유기물로 구성된 고상 부분과 토양 입자 사이의 공간에 물 또는 공기가 채워진 액상과 기상으로 구성돼 있으며 이를 토양의 3상이라 한다.

일반적으로 뿌리가 산소, 물, 양분을 충분히 섭취하기 위해서는 유효 토심이 깊고 토양 3상이 고상 50%, 액상 25%, 기상 25%이어야 생육이 좋다.

이러한 최적의 3상 구조를 만들기 위해서는 지나친 경운을 회피하고 유기물을 시용함으로써 토양의 입단을 증진하는 것이 바람직하다.

(3) 토양 유기물

블루베리는 높은 토양 유기물 함량을 요구하며, 유기물 함량이 4% 이하일 때는 생육이 불량하다.

유기물은 화학성, 물리성, 생물성의 세 가지 측면 모두에서 효과를 볼 수 있다. 화학적 측면에서는 양분 공급, 보비력 증대, 생리활성 작용, 켈레이트 작용 그리고 완충력 증대를 유도한다. 물리적 측면에서는 토양의 입단화가 촉진돼 공극량이 증가하기 때문에 통기성, 투수성, 배수성이 개선되고 유기물 함량의 증가로 보수성이 좋아진다.

(4) 토양 pH

블루베리는 산성 토양에서 잘 자라는데 하이부시 블루베리의 적정 토양 pH는 4.0~5.0이고 래빗아이 블루베리는 4.2~5.2 범위다.

산성 토양의 일반적인 특성 혹은 산성에 따라 작물 생육이 불량해지는 원인은 크게 두 가지로 나눌 수 있다. 하나는 칼슘, 마그네슘이 부족한 경우이고 다른 하나는 망간과 알루미늄 등의 과잉에 따른 생육저해이다.

블루베리 생육에 있어 산성 조건이 좋은 이유는 다른 과수보다 칼슘과 마그네슘 요구량이 적고 철, 망간 및 알루미늄에 대한 내성이 강하기 때문이다. 또한 주로 흡수하는 질소의 형태가 암모니아태 질소이기 때문이기도 하다.

블루베리

개원·심기와 번식

01 개원

블루베리의 경제수령은 30년 이상이다. 한번 나무를 심으면 같은 장소에서 장기간 생육하기 때문에 과수원을 조성할 때는 적지 선정과 토양 개량에 많은 노력을 기울여야 한다.

개원 시 검토해야 할 조건

보통 블루베리를 포함한 과수류의 개원과 재식에 있어 검토해야 할 조건으로 다음의 일곱 가지를 들 수 있다. ① 입지 조건(기상 및 토양 등) ② 재배할 종류와 품종 선정 ③ 개원할 장소 선정 및 개량(토양 개량, 토양 배수, 비옥도, 지형) ④ 지역적 기상, 잠재적인 병해충, 시장과의 거리, 수송 수단 등 ⑤ 적절한 투자 자본 : 토지대, 시설투자비, 제 경비, 묘목대 등 ⑥ 과실의 판매 방법(시장 출하, 가공 관광농원, 기타 판매) ⑦ 재배 관리자(재배 경험과 기술, 연간 또는 계절적 노동자의 확보 등)

재배 예정지 토양 조사

과수원을 조성하기 전 밭의 수직과 수평 배수, 토양 산도, 토성 등과 같은 물리화학성을 조사해 부족한 부분을 개량한 후 블루베리를 심어야 한다. 블루베리는 토양 적응성이 떨어지기 때문에 배수가 느린 토양은 적합하지 않다. 따라서 개원 예정지 토양의 물빠짐을 (그림 4-1)과 같이 조사하거나 강우량이 많은 날을 택해 밭의 배수 정도를 조사하면 도움이 된다.

구체적으로는 깊이 40cm 정도 구덩이를 파고 물을 채운 후 반나절 정도가 지났을 때 구덩이에 물이 남아 있지 않다면 블루베리 재식에 적당하다고 볼 수 있다. 그러나 24시간이 지나도 구덩이에 물이 고여 있다면 배수에 문제가 있다고 볼 수 있으며, 개선하는 데 많은 노력이 든다.

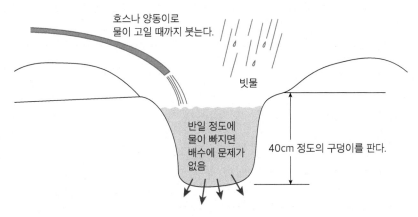

호스나 양동이로
물이 고일 때까지 붓는다.

빗물

반일 정도에
물이 빠지면
배수에 문제가
없음

40cm 정도의 구덩이를 판다.

그림 4-1. 개원 예정지의 배수성 판단
주) 石川駿二等. 2006. ブルベリの作業便利帳. p30

과수원 토양 종류

블루베리 과수원을 조성하는 밭은 크게 기존 경작지와 개간지로 나눌 수 있다.

가. 기존 경작지

기존 경작지의 경우 과수원 갱신, 밭작물 경작지, 논에서 밭으로의 전환 등 세 가지 예를 들 수 있다.

(1) 과수원 갱신

다른 과수를 재배했던 과원을 블루베리 재배지로 갱신할 경우 관수 시설 등이 갖춰져 있기 때문에 시설 투자 비용을 절감할 수 있는 장점이 있다. 그러나 pH를 포함한 토양 화학성이 다르기 때문에 토양 검정을 통해 교정해야 한다.

(2) 밭작물 경작지 재배

각종 밭작물을 재배하던 곳에 블루베리 농장을 조성할 경우 오랜 다비재배로 인해 염류 농도와 토양 산도가 크게 높을 가능성이 있다. 이러한 조건은 블루베리 생장에 매우 치명적이기 때문에 반드시 염류를 적정 수준으로 낮추고 산도를 교정한 후에 블루베리 농장을 조성해야 한다.

(3) 논에서 밭으로 전환된 과원

벼 재배를 하던 논 토양은 대부분 중점질 토양이기 때문에 배수가 불량해 블루베리를 재식하는 데 적합하지 않다. 따라서 땅을 부드럽게 만들고 배수를 좋게 하기 위해 다량의 유기물을 토양과 혼합해 토양 물리성을 개선해야 한다.

나. 개간지

산림 또는 초지를 개간해 블루베리를 심을 경우 오래된 목초지였거나 초생재배를 1~2년 했다면 토양 물리성이 잘 발달됐기 때문에 블루베리를 재배하는 데 매우 적합하다. 그러나 경사가 심한 곳은 평지화 작업 등으로 인해 답압과 많은 양의 토사 유입으로 토양 물리성이 악화된다. 따라서 가급적 잘 발달한 작토층이 훼손되지 않도록 과원을 조성해야 한다.

재식 전 준비

재식 1년 전 준비할 사항으로 일곱 가지를 들 수 있는데, 재식 후에는 개량 및 개선이 거의 불가능하다. 그만큼 개원과 재식은 충분한 시간을 가지고 진행해야 한다.

가. 평지화

블루베리 재배에 필수적인 관수, 멀칭, 전정, 수확 등 다양한 농작업을 원활하게 하려면 평지나 완만한 경사지가 유리하다. 따라서 재배 예정지의 경사가 심해 토양 유실이 많고 관수나 멀칭이 어려운 곳은 계단식 평지화를 하거나 완만하게 정리해야 한다.

나. 배수 대책

토양 투수성은 토양 입자 사이의 공간인 공극의 크기에 비례하기 때문에 경작지 토양의 토성이 중요하다. 같은 토성 또는 점토 함량이 높아 블루베리에 부적합한 식질 토양이라도 입단의 정도 또는 유기물질의 혼합 비율에 따라 달라질 수 있다. 따라서 과원을 조성하기 전 반드시 초생재배 및 유기물 혼합을 통해 토양 구조를 개선해 주어야 한다.

한편 투수성이 매우 열악한 경우 암거배수 시설이나 이랑 등을 통해 배수성을 개선할 수 있다. 암거배수관의 위치는 토성과 지하수위에 따라 다르지만 표토에서 1m 이내에 설치하는 것이 바람직하다. 그러나 물빠짐이 극히 열악한 과수원은 좀 더 표토 가까이에 설치해야 한다. 또한 이랑의 폭과 높이를 조절함으로써 물의 순환을 좀 더 빨리할 수 있다.

다. 잡초 제거

다년생 잡초는 블루베리를 심기 전에 완전히 방제해 두어야 한다. 대부분 제초제를 사용해 개원 1년 전에는 방제를 끝마친다.

라. 피복작물 재배

블루베리를 포함한 모든 과수원은 개원 전 반드시 예정지 관리를 해야 하며 이를 통해 토양 구조 개선, 잡초 관리 그리고 유기물 증대 등 안정된 토양 환경을 조성해야 한다. 일반적으로 호밀, 수단그라스, 헤어리베치 등의 재배를 권장하고 있으며 피복작물의 재배 기간이 길수록 블루베리 재배에 유리하다.

마. 유기물 공급

블루베리가 잘 자라는 토양은 적어도 5% 이상의 유기물 함량을 요구한다. 유기물은 초생재배를 통해 얻은 목초나 톱밥부터 피트모스까지 매우 다양하며 부숙 과정과 정도의 차이만 있다. 유기물 혼합 후 블루베리를 재식할 수 있는 기간은 유기물의 부숙 상태에 따라 다르다. 부숙 정도가 높은 우드칩, 부엽토, 피트모스 등은 산도가 교정된 후 재식이 가능하지만, 부숙 정도가 부족한 유기물은 토양과 혼합해 일정 기간 부숙 기간을 가져야 한다.

바. 토양 pH(산도) 조절

대부분의 과수는 미산성에 조건에서 잘 자라며, 블루베리는 이보다는 좀 더 낮은 산도에서 잘 자란다. 최적 pH는 5.0~5.5범위이며, 원래 한국 토양산도가 약 pH5.8내외이기 때문에 적어도 화학적으로는 블루베리를 재배에 적합한 토양 조건이라 할 수 있다. 토양 pH가 4.5 이하로 내려가면 알루미늄 과 망간의 용해력이 증가하기 때문에 블루베리에 독성이 나타난다. 반면에 pH가 6.0 이상이면 블루베리가 주로 이용하는 암모니아태 질소가 질산태 질소로 빠르게 산화되기 때문에 질소의 이용률이 떨어지고, 철을 포함한 미량 성분의 결핍을 유발한다.

따라서 재식 전 시·군농업기술센터에 토양 분석을 의뢰해 토양 산도를 알맞게 조정해야 한다. 재배 예정지의 토양 산도가 적정 수준보다 낮을 때는 석회를 사용하고, 반대로 높을 때에는 유황을 사용해 낮춰야 한다.

석회와 유황이 토양 산도를 교정하는 데에는 적어도 6개월 이상 소요되기 때문에 충분한 시간을 두고 교정해야 한다.

표 4-1. 토양 pH를 4.5로 낮추는 데 소요되는 유황 시용량(kg/10a)

현재의 토양 pH	토양형		
	사토	양토	식토
4.5	0	0	0
5.0	20	60	91
5.5	40	119	181
6.0	60	175	262
6.5	75	230	344

주) 玉田孝人. 2000. 블루베리-하이부시 블루베리 재배의 실제. 과수원예대백과 16-낙엽특산과수.
  p. 260. 농산어촌문화협회

토양 산도 교정을 위해 석회나 유황을 사용할 경우 1회 시용량은 300평당 100kg를 넘지 않도록 나눠서 주는 것이 좋다.

토양 pH는 비료의 종류와 시용량에 따라 변하기 때문에 매년 조사하는 것이 바람직하다. 재식 후 pH 교정은 어렵지만 필요할 때 토양 표면에 유황을 소량씩 나누어 시용하면 약해를 예방할 수 있다. 황산 또는 초산과 같은 유·무기산을 점적관수를 이용해 관주하는 방법도 있으나 세심한 주의가 필요하며 관주 농도에 대한 전문가의 조언이 필요하다.

사. 방풍망 준비

초속 5~7m 이상 바람이 부는 곳에서는 낙과 등 풍해가 발생할 수 있다. 또한 봄철 강풍은 방화곤충의 활동에 장해를 주어 수분율과 결실률을 저하시키고, 성숙기에는 과실의 물리적 상해 및 낙과를 유발한다. 따라서 바람이 강한 곳은 풍해를 막기 위해 과원 주변에 방풍망을 설치해야 한다.

품종 선택

블루베리를 정원이나 화분에 한두 주 심어 가꾼다면 품종이 재배지 기후 조건에 맞지 않더라도 큰 문제는 없다. 그러나 소득을 위한 영리 목적으로 재배한다면 품종 선택에 신중을 기해야 한다. 품종을 선택할 때에는 재배 예정지 기후에 재배하고자 하는 품종의 개화 및 수확기가 적당한지 또는 과실의 품질이 적합한지를 고려해야 한다.

표 4-2. 반수고 하이부시 블루베리 주요 품종의 특성(Tamada, 2004)

품종	성숙기	나무 성질		과실		맛	
		모습	생산력	크기	꼭지 흔적 크기	육질	풍미
치페와(Chippewa)	중생	직립성	높음	대	–	단단	양호
프렌드십(Friendship)	중만생	–	중간	소	–	연함	양호
노스블루(Northblue)	조중생	개장	높음	대	–	–	양호
노스랜드(Northland)	조중생	반직립성	높음	소·중	소	단단	양호
노스스카이(Northsky)	중생	개장성	낮음	소·중	–	–	양호
폴라리스(Polaris)	조생	직립성	중간	중	소	단단	우수
노스컨트리(Northcountry)	조생	개장	약	중	소	연함	약

주) 성숙기 : 전체 20~50%의 과실이 성숙하는 시기
 - 조생(6월 중순), 조중생(6월 하순), 중생(7월 상순), 중만생(7월 중순), 만생(7월 하순)
 玉田孝人. 2004. 블루베리 재배에 도전-블루베리의 품종 특성[5]. 農業および園藝 79(9):1018-1024

표 4-3. 북부 하이부시 블루베리 주요 품종 특성

품종	성숙기	나무 성질		과실		맛		생태적 특성		
		모습	세력	크기	꼭지 흔적 크기	육질	풍미	열과성	보구력	내한성
얼리블루	극조생	개장	중	중·대	중	단단	우수	적음	양호	강
푸루	극조생	직립	강	대	소	보통	양호	중간	-	-
웨이마우스	극조생	직립	중	중	중	보통	양호	많음	중간	-
블루타	조생	개장	중	소·중	대	단단	양호	적음	불량	강
콜린스	조생	중간	중	중·대	중	단단	우수	많음	중간	약
듀크	조생	직립	강	중·대	소	단단	양호	중간	양호	-
패트리어트	조생	직립	강	대	소	단단	양호	적음	양호	강
스파르탄	조생	직립	중	대·특대	중	단단	우수	적음	-	강
선라이즈	조생	직립	중	중	중	단단	우수	-	-	-
블루제이	조·중생	직립	강	중	중	단단	양호	적음	양호	강
블루레이	조·중생	직립	강	대·특대	중	단단	우수	-	중간	강
크로아톤	조·중생	개장	중	중·대	중	보통	양호	많음	-	-
해리슨	조·중생	중간	강	대	중	단단	양호	많음	불량	-
버클리	중생	개장	강	대	대	단단	양호	적음	중간	약
블루크롭	중생	직립	중	중·대	소	단단	우수	적음	양호	강
블루헤븐	중생	직립	약	대	소	단단	우수	-	-	강
누이	중생	개장	약	대·특대	소	연함	양호	-	-	강
레카	중생	직립	강	중	소	보통	양호	많음	-	-
시에라	중생	직립	강	중·대	중	단단	우수	-	양호	-
토로	중생	직립	강	중·대	소	단단	우수	-	-	약
저지	중·만	직립	강	중	중	단단	양호	적음	양호	강
블루골드	중·만	직립	중	중	중	단단	우수	-	양호	강
브리지타	만생	직립	강	중·대	소	단단	양호	-	양호	-
넬슨	만생	직립	중	대·특대	중	단단	양호	-	-	강
챈들러	만생	직립	강	대·특대	소	보통	우수	-	-	-
코빌	만생	개장	강	대·특대	중	단단	우수	적음	양호	중
다로	만생	중간	강	대·특대	중	보통	우수	-	불량	약
딕시	만생	개장	강	대	대	단단	양호	많음	중간	약
엘리어트	극만생	직립	강	중	-	단단	양호	-	-	-
레이트블루	극만생	직립	강	중·대	소	단단	양호	-	-	-

주) 성숙기 : 전체 20~50%의 과실이 성숙하는 시기
 - 극조생(6월 상순), 조생(6월 중순), 조·중생(6월 하순), 중생(7월 상순), 중·만생(7월 중순), 만생(7월 하순)
 玉田孝人. 2004. 블루베리 재배에 도전-블루베리의 품종 특성(4). 農業および園藝 79(8):926-927.

표 4-4. 남부 하이부시 블루베리 주요 품종 특성

| 품종 | 성숙기 | 나무 성질 | | 과실 | | 맛 | | 저온 요구량 |
		모습	세력	크기	꼭지 흔적 크기	육질	풍미	
발덴(Balden)	조생	직립성	중·강	중	중	보통	보통	600
주얼(Jewel)	조생	개장성	중	중·대	소	단단	우수	100~150
오닐(O'Neal)	조생	반직립성	강	대	중	단단	양호~우수	400~500
리베일(Reveille)	조생	직립성	중	중	소	단단	양호~우수	600~800
샤프블루(Sharpblue)	조생	개장성	강	중	중	보통	양호~우수	200~300
스타(Star)	조생	반직립성	중	대~특대	소	단단	우수	400~500
블루크리스프(Bluecrisp)	조~중생	개장성	중	중~대	중	단단	양호~우수	400~600
블루리지(Blue Ridge)	조~중생	직립성	강	중~대	중~대	단단	우수	500~600
케이프피어(Capefear)	조~중생	반직립성	강	대	소~중	보통	양호~우수	500~600
걸프코스트(Gulfcoast)	조~중생	개장성	강	중	중	보통	양호~우수	200~300
미스티(Misty)	조~중생	직립성	강	중~대	중	보통	양호~우수	100
아본블루(Avonblue)	중생	반직립성	중	중~대	중	단단	양호~우수	400
두플린(Duplin)	중생	반직립성	중	대	중	보통	양호~우수	–
플로리다블루(Floridablue)	중생	개장성	중	중	중	단단	양호~우수	300
산타페(SantaFe)	중생	직립성	강	중~대	소	단단	우수	350~500
사파이어(Sapphire)	중생	반직립성	다소 약	중~대	중	보통	양호~우수	200~300
쿠퍼(Cooper)	중~만생	반직립성	중·강	중~대	중	보통	양호~우수	400~500
조지아젬(Georgiagem)	중~만생	반직립성	중	중	소	보통	양호~우수	350~500
레거시(Legacy)	중~만생	직립성	강	중~대	중	보통	양호~우수	500~600
펄리버(Pearl River)	중~만생	직립성	강	중	중	보통	양호~우수	500
사우스문(Southmoon)	중~만생	직립성	–	중	중	단단	양호~우수	300~400
서밋(Summit)	중~만생	반직립성	중	대	소	단단	우수	800
매그놀리아(Magnolia)	만생	개장성	중	중~대	소	단단	양호~우수	500
오자크블루(Ozarkblue)	만생	반직립성	중	중	중	보통	우수	800~1000

주) 성숙기 : 전체 20~50%의 과실이 성숙하는 시기
 – 조생(6월 중순), 조중생(6월 하순), 중생(7월 상순), 중만생(7월 중순), 만생(7월 하순)
  玉田孝人. 2003. 블루베리 재배에 도전 – 서든 하이부시 블루베리의 재배 지침[3], 農業および園藝 78(5):616-621.

표 4-5. 래빗아이 블루베리 주요 품종 특성

품종	성숙기	나무 성질			과실		맛		생태적 특성	
		모습	크기	세력	크기	꼭지 흔적 크기	육질	풍미	보구력	저온 요구량
알라파하(Alapaha)	8월상	개장	-	강	중	소	단단	우수	우수	450~500
앨리스블루(Aliceblue)	8월상	개장	소	강	중	중	단단	양호	양호	300
오스틴(Austin)	8월상	직립	-	강	중대	중	보통	양호	양호	450~500
베키블루(Beckyblue)	8월상	개장	소	중	중	소	단단	양호	양호	300
보니타(Bonita)	8월상	중	중	강	대	중	단단	양호	양호	350~400
브라이트웰(Brightwell)	8월상	직립	중	강	대	소	보통	양호	양호	350~400
클라이맥스(Climax)	8월상	중	소	중	중	소	단단	양호	양호	450~500
몽고메리(Montgomery)	8월상	중	-	중	중대	중	보통	양호	양호	-
우다드(Woodard)	8월상	개장	중	중강	대	대	보통	양호	양호	350~400
블루벨(Bluebell)	8월중	직립	중	중	대	중	보통	우수	양호	450~500
블루젬(Bluegem)	8월중	개장	중	강	중	소	단단	양호	양호	350~400
딜라이트(Delite)	8월중	직립	중	중	대	소	단단	양호	양호	500
홈벨(Homebell)	8월중	개장	대	강	중대	중	보통	보통	보통	-
아이라(Ira)	8월중	직립	-	강	대	소	단단	양호	양호	-
프리미어(Premier)	8월중	개장	소	강	대	소	단단	양호	양호	550
볼드윈(Baldwin)	8월하	개장	대	강	중	소	보통	우수	양호	450~500
브라이트블루(Brightblue)	8월하	개장	중	중	대	중	단단	양호	양호	600
센트리온(Centurion)	8월하	직립	소	강	중	중	단단	우수	양호	550~650
오클로코니(Ochldkonee)	8월하	직립	중	강	중대	소	단단	양호	양호	-
온슬로(Onslow)	8월하	직립	-	강	대	소	단단	양호	양호	-
파우다블루(Powderblue)	8월하	중	소	강	중	소	단단	양호	양호	450~500
팁블루(Tipblue)	8월하	직립	중	강	중	소	단단	양호	양호	600~800
야도킨(Yadokin)	8월하	중	-	중	중대	소	단단	양호	양호	-
마루(Maru)	8월하	개장	-	중	중대	중	보통	양호	양호	400~500
오노(Ono)	8월하	개장	-	강	중대	중	보통	양호	양호	400~500
라히(Rahi)	8월하	직립	-	강	중대	중	보통	양호	양호	400~500
다카헤(Takahe)	8월하	직립	-	강	중	-	-	양호	-	400~500
위투(Whitu)	8월하	중	-	강	소중	-	-	양호	-	400~500

주) 玉田孝人. 2004. 블루베리 재배에 도전 - 블루베리의 품종 특성[7]. 農業および園藝 79(11):1222-1223.

표 4-6. 미국에서 추천하고 있는 북부 하이부시 블루베리 품종

조생종	중생종	만생종
콜린스(Collins)	버클리(Berkeley)	코빌(Coville)
듀크(Duke)	블루칩(Bluechip)	엘리어트(Elliot)
얼리블루(Earliblue)	블루크롭(Bluecrop)	저지(Jersey)
패트리어트(Patriot)	블루헤븐(Bluehaven)	-
스파르탄(Spartan)	블루레이(Blueray)	-
	레거시(Legacy)	-

주) G.W. Krewer 등 Home Gaarden Blueberry. 2007.

표 4-7. 미국에서 추천하고 있는 래빗아이 품종

조생종	중생종	만생종
오스틴(Austin)	블루벨(Bluebelle)	볼드윈(Baldwin)
브라이트웰(Brightwell)	브라이트블루(Briteblue)	센트리언(Centurion)
클라이맥스(Climax)	초셔(Chaucer)	초이스(Choice)
프리미어(Premier)	파우더블루(Powderblue)	딜라이트(Delite)
우다드(Woodard)	티프블루(Tifblue)	-

주) G.W. Krewer 등 Home Gaarden Blueberry. 2007.

02 재식(심기)

블루베리 과원을 조성하기 위해 배수 및 토양 산도 교정 등 충실한 예정지 관리를 했다면 다음 몇 가지 사항을 고려해 재식을 준비한다. ① 수분수의 필요성 ② 성목이 됐을 때 수관 규모 ③ 관수 방향 ④ 주 관수 라인 및 점적관수 설치 방향 ⑤ 수확 방법 등 이들 요인을 종합해 주간 및 열간 거리와 재식 방향을 결정한다.

묘목 준비

구매할 묘는 믿을 수 있는 품종이어야 하며, 바이러스나 병해충에 감염 또는 피해를 보지 않은 건전한 묘이어야 한다. 일반적으로 재식에 적당한 수령은 24~36개월 이내며, 뿌리가 화분에 꽉 찰 정도로 자란 것은 재배지에 재식해도 잘 자라지 않기 때문에 가급적 구매하지 않는 것이 좋다.

구입한 유목을 곧바로 재식할 수 없다면 포장을 벗기고 구덩이나 도랑에 기울여 놓고 흙을 덮어 정식 전까지 가식한다. 만약 뿌리가 말랐을 경우 물이나 농도가 낮은 양액에 수시간 정도 담근 후 가식하는 것이 좋다.

재식 시기

재식은 묘목의 휴면기에 하는 것이 좋다. 휴면 중인 작물은 뿌리가 잎으로 물을 공급할 필요가 없기 때문에 잎이 붙어 있는 블루베리보다 생존율이 높다. 유묘에 잎이 있으면 잎에 지속적으로 물 관리를 해주어야 증산으로 인한 시듦을 방지할 수 있다. 또한 재식 전 뿌리와 잎의 건조를 방지하기 위해 항상 뿌리를 습하게 유지해야 한다.

재식 면적이 클 경우 구름이 낀 오후에 하는 것이 좋다. 재식 방향은 바람만 잘 막을 수 있다면 큰 상관이 없다. 겨울철 비교적 따뜻한 지방에서는 가을에 심는 것이 토양과 뿌리 활착이 빠르고 생장이 일찍 시작된다. 그러나 겨울에 혹한이 오는 지역에서 가을에 재식하면 유목의 경화가 늦어 동해 피해를 받을 수 있기 때문에 재식은 땅이 막 녹기 시작하는 이른 봄에 하는 것이 바람직하다.

재식 간격

재식 간격은 블루베리 종류와 품종 특성, 유효토층의 깊이 및 비옥도에 따라 다르다. 따라서 품종 고유의 특성이 충분히 발휘될 수 있도록 비료와 관수, 과실 수확, 정지·전정, 병해충 방제 등 관리를 효율적으로 해야 한다.

일반적으로 하이부시 블루베리 품종은 1.5×2.5m, 수세가 강한 래빗아이 블루베리는 2.5×3.0m 정도다. 유효토층이 깊고 비옥한 토양은 수관이 크게 자라기 때문에 심는 간격을 넓게 해야 하지만, 물빠짐 등 토양 환경이 충분하지 못한 곳은 큰 수관 확보가 어렵기 때문에 이랑 폭을 좁히고 재식 밀도를 높여 생산성을 보완해야 한다.

표 4-8. 블루베리와 심는 거리에 따른 심는 주 수

주간(m)	열간(m)		
	2.0	2.5	3.0
1.0	500	400	333
1.2	417	340	289
1.5	325	260	221
2.0	250	200	170
2.5	200	160	136
3.0	175	140	119

주) 일본 블루베리 협회편. 2006. 블루베리 전서 p.136

일본의 경우 하이부시 품종의 주간 거리를 1~1.5m로 열간 거리를 2m로 재식하면 성목이 되었을 때 수관이 과밀해지고 통기성이 나빠져 반점병 발생이 많아지며, 작업능률이 떨어진다고 한다. 토양 환경이 적절하다면 북부 하이부시는 열간 2.5~3m×주간 1~1.5m(170~260주), 남부 하이부시는 열간 2~2.5m×주간 1.5m(260~340주), 래빗아이는 열간 3.5~4m×주간 2~2.5m(125~220주) 정도를 권장하고 있다. 만약 개방형 체험농원을 계획한다면 열간 거리를 넓혀야 한다.

조기 수확을 희망하면 계획 밀식을 행할 수 있는데, 블루베리 재배에서는 일반적으로 심는 해와 이듬해에 꽃눈을 따고 3년째부터 결실을 시작한다. 당초 5~6년에는 최종적인 재배 본수보다 2배 정도 더 심어 조기 다수확을 시도하는 경우가 있다. 이것을 계획 밀식이라 하며, 이때 열간 거리는 일정하게 하고 주간 거리를 좁혀 2배 정도를 심는다. 그러나 밀식은 나무 생육을 억제하기 때문에 인접한 나무끼리 접촉할 정도가 되면 조기에 간벌을 해서 재식 거리를 넓혀야 한다. 계획 밀식법은 수세가 강한 래빗아이보다 하이부시에 적합하다.

이랑과 구덩이 규격 및 재식 방법

블루베리는 물빠짐이 좋은 토양에서 잘 자라기 때문에 이랑을 조성해 재식하는 것이 유리하다. 이때 조성할 이랑은 물리성과 산도 교정이 마무리된 상태여야 하며, 블루베리를 재식할 구덩이 내부 역시 이랑과 같은 토양이어야 한다. 이랑 전체의 물리화학성(물빠짐과 산도)이 개선되지 않은 조건에서 구덩이 내부만 피트모스와 같은 유기물질을 늘려 재식하면 구덩이 내부와 외부의 물빠짐 속도가 달라 물이 고이는 웅덩이 현상이 발생할 수 있다.

반면에 사토나 화산회토와 같이 물빠짐이 너무 빠른 곳은 구덩이에 유기물질(잘 부숙된 우드칩 또는 피트모스 등)을 혼합해 보비력과 보수력을 보완한 다음 재식해야 한다.

일반적으로 이랑의 규격은 폭 1.2m에 높이 30cm가 적당하나, 물빠짐이 늦은 토양은 이랑의 폭을 좁혀 늦은 배수 속도를 보상해 주어야 한다. 재식 구덩이는 뿌리가 너무 꽉 차지 않도록 되도록이면 충분히 넓게 파야 하며, 깊이 20cm, 너비 40cm정도가 적당하다.

구덩이를 판 후 재식할 때 일반적으로 뿌리가 잘리지 않는 것이 바람직하지만, 부러진 부분이나 너무 긴 뿌리는 위나 끝부분을 잘라줘야 한다. 뿌리를 구덩이 크기에 맞추기 위해 분형근(포트에서 육묘하기 때문에 뿌리가 원형으로 말리는 현상) 주위의 긴 뿌리를 감싸면 안 된다. 만약 용기째로 구매했다면 심기 전에 분형근을 부드럽게 흩뜨려야 한다. 블루베리 뿌리가 화분에 꽉 찰 정도로 자란 것은 재배지에 재식해도 정상적으로 자라지 않기 때문에 구매해서는 안 된다. 천 같은 것으로 묘목이 싸였다면 구덩이에 묘목을 놓고 위쪽을 느슨하게 하면서 풀어야 한다.

구덩이 내부와 외부의 토양이 같아야 한다.
구덩이 내부만 개량할 경우 물웅덩이 현상이 발생할 수 있다.

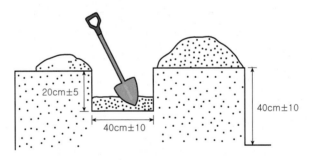

20cm±5

40cm±10

40cm±10

그림 4-2. 이랑과 재식 구덩이 준비

삼베 또는 천으로 포장한 뿌리는 완전히 제거할 필요가 없지만 비닐과 같은 플라스틱 재질로 감싸져 있는 묘목은 심기 전에 반드시 제거해야 한다. 뿌리를 풀어헤친 묘목을 구덩이에 넣은 다음 흙을 구덩이의 3/4 정도 채우고 흘러 넘칠 정도로 관수한다. 물이 완전히 흡수됐을 때 구덩이의 나머지 부분을 흙으로 채우고 충분히 밟는다. 묘목을 심은 후 건조하게 하거나 비료 혹은 가축분퇴비 등을 시용해 염 농도를 높여서는 안 된다. 비료와 가축분뇨는 어린 뿌리를 상하게 할 수도 있기 때문이다.

섞어 심기(혼식)

타가수분과 수확 노력의 분산을 위해 여러 품종을 섞어 재배하는 것도 여건에 따라 고려할 수 있다. 블루베리는 타가수분에 의해 결실률과 과실 크기가 좋아지고 성숙기도 빨라진다. 하이부시 블루베리는 자가수분으로도 충분하지만 래 빗아이 블루베리는 품질의 차이가 크기 때문에 타가수분을 해야 한다.

한편 과실 수확 기간은 한 품종이라도 대략 3~4주간 지속된다. 따라서 수확 노력 분산을 고려한다면 조생, 중생, 만생종이 혼합된 조합을 권장하며 경제적인 재배에서는 1열이나 2열 간격으로 다른 품종을 섞어 심는 것이 바람직하다.

A, B 2품종(본 수 1:1)   A, B 2품종(본 수 2:1)   A, B, C 3품종(본 수 1:1:1)

그림 4-3. 블루베리의 품종 간 배치도(남북 열이 바람직)

주) 石川駿二等. ブルベリの作業便利帳. p.86

재식 후 관리

블루베리 유목을 재식한 후에는 물을 충분히 줘서 뿌리가 건조하지 않도록 해야 한다. 바람이 많이 부는 지역에서는 대나무나 파이프 등으로 지주를 세워 블루베리가 흔들리지 않도록 한다.

토양 건조와 잡초 방제를 위해 재식 후 이랑 전체를 두께 10cm 정도 분쇄된 나무조각(바크), 톱밥, 볏짚 등으로 덮으면 매우 좋다. 이랑 전체를 덮기 어려울 경우 적어도 수관을 중심으로 반경 50cm 범위는 덮어야 한다.

비료는 재식 6주 후부터 1개월 간격으로 요소 또는 유안을 주당 5g 정도 사용한다. 재식 1년 차에는 꽃눈을 모두 제거해 그 해 새롭게 자라는 가지의 성장을 촉진시켜야 한다. 재식 2년 차에도 가급적 꽃눈을 제거해 결실시키지 않도록 하고 관수, 시비, 병해충과 잡초 방제를 충실히 하여 수관을 조기에 확립해야 한다.

03 번식

블루베리 묘목을 만드는 방법에는 꺾꽂이, 휘묻이, 씨뿌리기(실생), 조직배양 등이 있다. 일반적으로는 쉽게 대량 생산이 가능한 꺾꽂이법이 이용된다.

꺾꽂이는 휴면지를 이용하는 방법과 생육기의 가지를 이용하는 녹지꺾꽂이 두 가지가 있다. 조직배양 기술도 확립되고 있지만 비용이 많이 들기 때문에 대량 생산을 제외하고는 일반적인 농가에서 사용하기에 실용적이지 못하다.

종자를 발아시켜 모종을 만드는 종자 번식은 신품종 육종에 한해 이용되고 있다. 그러나 미국 북부와 캐나다에서 야생종 과실을 이용하는 로우부시는 나무 확대에 필요한 지하경이 발생하기 쉬운 씨 모종이 번식에 이용되고 있다.

휴면지(숙지, 경지)

가. 꺾꽂이 준비

휴면지 꺾꽂이법이 일반적인 방법이다. 휴면지 꺾꽂이는 뿌리내림이 떨어진다는 조지아 주립대학의 연구가 있어 래빗아이 블루베리에서는 한동안 풋가지꽂이(녹지삽)가 이용됐다. 그러나 마사토와 피트모스 혼합용토를 이용하면 휴면지 꺾꽂이로도 충분히 뿌리내린다는 사실이 밝혀져 현재는 실용화되고 있다.

북부 하이부시 , 남부 하이부시 품종도 휴면지 꺾꽂이법에서 뿌리내림이 뛰어나다.

표 4-9. 북부 하이부시 뿌리내림의 품종 간 차이

뿌리내림의 난이	품종명
쉬움	블루에타, 패트리어트, 노스랜드, 블루레이, 저지, 코빌
보통	얼리블루, 콜린스, 올림피아, 엘리어트, 허버트
어려움	스파르탄, 블루제이, 아이반호우, 블루크롭, 다로, 콩코드

주) 玉田孝人. 1997. 農業および園藝. 72(5)

나. 꺾꽂이모 채취 시기

휴면지 꺾꽂이용 꺾꽂이모는 저장해서 이용할 수도 있으나 이른 봄(발아 전)에 채취해 즉시 꺾꽂이하면 좋다. 이때 주의할 점은 꺾꽂이모 채취와 꺾꽂이를 너무 일찍 하지 않는 것이다. 블루베리는 종류에 따라 휴면타파에 필요한 저온요구량이 차이가 있다. 꺾꽂이모를 너무 일찍 채취하거나 온실에서 일찍 꺾꽂이를 하면 발아와 생육이 떨어진다. 저온요구량(1~7.4℃범위)이 충족됐음을 확인하고 나서 꺾꽂이모를 채취하고 시기를 정하도록 한다. 종류별로는 북부 하이부시가 800~1,200시간, 남부 하이부시가 200~600시간(일부 품종은 1,200시간), 래빗아이는 400~800시간이다. 저온요구량은 지역에 따라 다르다. 만약 저온요구량이 만족되기 전에 꺾꽂이모를 채취했다면 1~5℃에 일정 기간 동안 저장하여 휴면타파에 필요한 저온요구량을 충족시켜야 한다.

휴면지 꺾꽂이의 시기는 3~4월로 꺾꽂이모가 아직 휴면 상태일 때 한다. 그리고 풋가지 꺾꽂이는 봄부터 자란 새가지가 경화하기 전까지의 가지를 이용하는 방법이며, 6월 중순에서 7월 중순의 장마기에 실시하는 것이 좋으나 지역에 따라 8월 상순까지도 가능하다.

다. 꺾꽂이모 이용 부위

꺾꽂이모는 모주의 앞 끝 부위에 있는 충실한 1년생 가지를 전정지로 이용할 경우 2월에 채취해 2~3℃의 냉장고에 마르지 않도록 비닐에 싸서 보관했다가 이용한다. 꺾꽂이모의 기부는 절단면과 꺾꽂이 용토가 많이 접촉할 수 있도록 비스듬히 자른다. 꽃눈이 있는 가지는 뿌리내림에 좋지 않으므로 제거하고 꺾꽂이모를 자를 때 윗부분은 눈의 바로 위에서 눈이 없는 쪽을 향해 약간 경사지도록 자르되 눈 위 3~4mm 되는 부위를 자른다. 꺾꽂이모는 연필 굵기 정도가 좋으며 너무 굵으면 뿌리내림이 잘 안 된다. 또 너무 가늘어도 저장 양분이 적기 때문에 뿌리내린 후 생육이 떨어진다. 꺾꽂이모는 10~12cm 길이로 하고 잎눈의 수는 4~5개로 하는 것이 좋다.

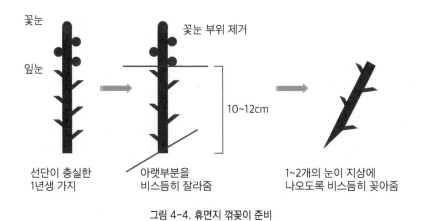

꽃눈

잎눈

선단이 충실한
1년생 가지

꽃눈 부위 제거

아랫부분을
비스듬히 잘라줌

10~12cm

1~2개의 눈이 지상에
나오도록 비스듬히 꽂아줌

그림 4-4. 휴면지 꺾꽂이 준비

라. 꺾꽂이모 채취 후 건조에 주의

꺾꽂이모를 채취해 저장할 경우에는 약간 두꺼운 비닐이나 폴리에틸렌으로 밀봉해 저장하는데 저장 적온은 1~4℃이나 장기간 저장할 때에는 -1℃ 정도이다. 이때 -1℃ 이하에 오랫동안 두면 눈이 동해를 입을 수 있다.

꺾꽂이 용토 조제

블루베리 꺾꽂이에서 중요한 것은 배수와 경량화 이다. 가장 대표적으로 사용할 수 있는 자재로는 부엽토, 피트모스, 코코피트 등과 같은 유기자재를 들 수 있다. 유기자재만을 단용으로 하여 꺾꽂이를 하면 뿌리내린 후에 뿌리가 서로 얽혀서 화분에 옮기기 어려워지며, 꺾꽂이판 자체도 다습하게 돼 뿌리내림이 잘 안 된다. 따라서 모래와 펄라이트와 같은 무기자재의 혼합이 좋다. 꺾꽂이용 용토의 산도는 5.5내외가 좋다.

가. 꺾꽂이 용토 혼합 비율

유기자재와 무기자재의 혼합 비율은 7:3정도의 비율이 적합하다. 유기자재의 비율이 너무 높으면 과습해지기 쉽고 무기자재가 많으면 쉽게 건조해진다. 부숙되지 않은 톱밥과 왕겨 등은 뿌리를 상하게 하기 때문에 부적합하고, 염도가 높은 바다모래는 염장해를 유발하기 때문에 반드시 깨끗한 강모래를 사용하는 것이 좋다.

나. 꺾꽂이 순서와 환경

(1) 꺾꽂이 시기

꺾꽂이는 꺾꽂이모가 싹트기 전에 한다. 비닐하우스나 유리온실 등 가온시설이 갖춰져 있을 경우에는 노지보다 일찍 꺾꽂이를 해서 뿌리를 내리도록 하면 큰 모종으로 키울 수가 있다. 이 경우 앞에서 설명한 바와 같이 꺾꽂이모가 휴면을 취하고 있어야 한다. 휴면이 충분히 타파되지 않는 경우에 가온시설에서 꺾꽂이를 하면 생육이 떨어지고 발근율도 좋지 않다. 가온시설에서 꺾꽂이를 할 경우에는 품종별 저온요구량을 충족시켜야 한다. 저온요구량은 품종에 맞추어 주의를 해야 하지만 일반적으로는 저온요구량이 적은 남부 하이부시부터 일찍 꺾꽂이할 수 있다. 또 북부 하이부시를 중부 지방 같은 다소 한랭지의 가온시설에서 꺾꽂이할 경우에는 휴면각성이 늦은 따뜻한 지역보다 이른 시기에 꺾꽂이를 할 수 있다.

노지에서 꺾꽂이를 할 경우에는 그 지역의 싹트는 시기 전후가 적기다. 문제는 꺾꽂이 후에 오는 극단적인 건조나 강우에 의한 다습인데, 가능하면 꺾꽂이 상자를 간이막이(비가림) 아래 두는 것이 좋으며 꺾꽂이모가 싹튼 후에는 습도가 높지 않게 관리해 병이 발생하지 않도록 해야 한다.

블루베리는 뿌리가 발생하는 데 2~3개월이 소요되고 꺾꽂이 상자에 꺾꽂이 후 일주일이 되지 않아 눈이 튼다. 일반적으로 무가온하우스에 꺾꽂이를 많이 하며 눈이 튼 후 충분한 햇빛을 받아야 뿌리내림에 도움이 된다. 하지만 강한 햇빛은 증산작용을 촉진하는 데다 노지에 비해 온도가 높아 꺾꽂이모가 시들게 되므로 차광을 해 주어야 한다. 이때 삽목상의 지하부(토양) 온도를 20~25℃로 유지하면 뿌리내림이 빨라지고 삽수가 시드는 현상을 줄일 수 있다.

오래 저장된 꺾꽂이모는 물통 등에 담가 한 시간 이상 물을 흡수하게 한 후 꺾꽂이한다.

그림 4-5. 차광막을 설치한 삽목상(위)과 발아한 삽수(아래)

(2) 꺾꽂이판 환경

꺾꽂이할 때 주의점은 다음과 같다. ① 꺾꽂이모 눈의 위치에 주의하고, 거꾸로 되지 않게 한다. ② 건조 방지를 위해 전체의 2/3를 모판흙 속에 꽂고 눈 1~2개를 지상부에 있게 한다. ③ 꺾꽂이 간격이 좁으면 발아 후 통기성이 나쁘고 병 발생의 원인이 된다. ④ 꺾꽂이한 후 충분히 관수해 꺾꽂이모와 모판흙을 밀착시킨다. ⑤ 꺾꽂이 상자마다 품종 이름을 붙여놓거나 써넣는다.

특히 꺾꽂이 기간 중 잎과 줄기가 변하거나 잎에 곰팡이가 생겨 썩기도 하며 원 상태의 반점이 생겨 낙엽이 되는 병이 발생할 수 있다. 원인은 대체로 병에 감염된 삽수를 이용하거나 꺾꽂이상 환경 조건이 병 발생에 좋을 경우다.

발병 시 현재 우리나라에서 등록된 전문 약제가 없으므로 꺾꽂이판의 통기와 햇빛을 좋게 하는 등 환경을 개선할 필요가 있다.

다. 꺾꽂이 후 관리

(1) 건조 방지
꺾꽂이판이 과습되지 않도록 관수에 유의해야 하며 뿌리내리기 직전에는 뿌리내림을 촉진시키기 위해 약간 건조하게 관리한다. 뿌리내림이 확인되면 차광망을 거두어 충분한 햇빛을 받을 수 있도록 하고 이때부터는 마르지 않도록 관수에 신경써야 한다.

(2) 싹튼 후 물주기
지역에 따라 차이가 있지만 꺾꽂이 후 1주 정도가 지나면 2분 정도가 싹터서 자라기 시작한다. 새 가지는 5~10cm 정도 뻗고 정지한다. 이 기간에 꺾꽂이모는 모판에서 수분을 흡수하고 저장 양분을 이용해 자라고 있으므로 물이 부족하지 않도록 해야 한다.

시비는 뿌리가 내린 후 하는 것이 바람직하다. 상단에 첫 싹이 나온 이후 뿌리가 형성될 때까지 주기적인 미스트분사로 높은 습도를 유지해야 한다. 삽수의 상단에서 두 번째 싹이 나올 때쯤이면 발근이 됐기 때문에 시비를 해도 된다. 육묘중 시비량은 낮을수록 좋다. 액비형태의 비료를 사용한 후에는 반드시 깨끗한 물로 잎을 씻어 주는 것이 좋다. 겨울철 동해방지를 위해 8월 이후에는 시비하지 않는다.

(3) 큰 모종 육성 방법
모종을 크게 키우는 데는 두 가지 방법이 있다. 하나는 꺾꽂이한 그해 가을 (9월) 작은 화분에 옮긴 나무모를 다음해 봄에 육묘 재배지에 아주심어 1~2년 집중 관리해 큰 모종으로 키우는 방법이며, 다른 하나는 이듬해 봄까지 꺾꽂이판에 있는 채로 두고 싹트기 전에 뿌리가 충분히 발생한 모종을 육묘 재배지에 아주심는 방법이다.

두 가지 방법 모두 열간 1m에 깊이 30cm 정도 구덩이를 파고 거기에 축축한 피트모스를 많이 넣은 후 주간 30cm 정도로 나무모를 심어 육성한다.

비료는 아주심은 2주 후에 완효성 고형비료를 나무 1주당 5g 정도 한번만 한다.

잡초 방지에는 나무를 중심으로 짚 등을 덮는 것이 좋으며 정기적인 관수가 돼야 한다.

라. 나무모 월동

(1) 작은 화분에 옮긴 나무모

작은 화분에 옮긴 나무모는 월동할 동안 건조해, 동해, 설해, 쥐 피해 등이 있을 수 있으므로 주의가 필요하다. 겨울철 낙엽이 된 나무모는 증산이 적으나 작은 화분이 너무 건조하면 뿌리가 장해를 받을 수 있으므로 나무모를 월동시키기 위해서는 용토에 물이 충분해야 한다. 작은 화분 모종의 건조 정도는 지역, 적설, 강우 상태에 따라 다르기 때문에 정기적으로 물 주는 것을 잊어서는 안 된다.

모종 건조 방지를 위해서는 왕겨를 5cm 정도로 나무모에 덮어두면 효과적이다.

눈이 많은 지역은 눈 피해를 피할 수 있는 곳이 좋다. 노지에서 월동시킬 경우에는 작은 화분에 심은 나무모를 쓰러뜨려두는 방법도 있다. 이 경우 가지 앞쪽 끝에 착생한 꽃눈과 나무 기부의 굵은 부분을 들쥐에게 가해당할 수 있으므로 주의해야 한다.

꺾꽂이모는 저장 양분을 모두 소모하면 생장점 부위가 블랙티프라고 부르는 작은 검정색 점이 돼 생육을 멈춘다. 그 사이에 꺾꽂이모의 기부 형성층에는 캘러스가 형성돼 내부에 근원기가 만들어지는데, 꺾꽂이 후 60~80일이 되면 뿌리를 내리며 그 후 정지된 눈 앞쪽 끝에서 새 가지가 자라기 시작한다.

꺾꽂이 상자 안의 꺾꽂이모에서 새 가지가 60% 이상 자라면 대부분이 뿌리를 내렸다고 판단해도 좋다. 뿌리내림이 시작되면 물 주는 양을 약간씩 줄여 통기성을 확보할 수 있도록 물 관리를 해야 한다. 꺾꽂이판을 바로 땅에 닿도록 놓지 않고 받침대 또는 블록 위에 꺾꽂이판을 놓아두면 배수도 되고 통기성도 확보된다.

(2) 완효성비료의 사용

뿌리내린 후에는 통기를 좋게 하고 완효성비료와 액비를 주면 생육이 촉진된다. 시비에 의한 생육 촉진은 현저하지만 시비 방법이 극히 어렵다.

뿌리털을 갖지 않는 블루베리 잔뿌리는 비료 농도에 극히 민감하다. 액비 또는 요소를 0.2% 정도로 용해시켜 한 상자당 100~200mL 정도 살포하면 효과적이지만 농도를 잘못하면 큰 실수가 발생할 수 있으므로 N, P, K가 함유된 완효성비료를 한 상자당 10립 이상 뿌려두면 좋다.

또한 사용하는 질소는 암모니아로 주는 것이 좋으며 꺾꽂이판에 꺾꽂이모를 둔 채로 월동할 경우 뿌리의 생육을 무리하게 억제시키기 때문에 시비를 하지 않는 것이 좋다.

(3) 발근촉진제 효과

일반 과수를 꺾꽂이할 때에는 IBA 등 발근촉진제를 사용하지만 블루베리 휴면지를 꺾꽂이할 때는 효과를 얻을 수 없다. 기부 처리에 따라 캘러스 형성까지는 확인되나 내부의 근원기는 형성되지 않은 채 캘러스가 이상하게 비대해지고 갈변하며 그대로 부패하는 경우가 많다. 지금까지 발근촉진제 효과가 인정된 역보고는 없다.

(4) 아주심은 나무모

모판에 아주심은 나무모는 작은 화분(포트)에 옮긴 나무모보다 건조 피해를 덜 받으나 겨울철 비나 눈이 적은 지역에서는 이른 봄 건조 시에 물 주기가 필요하다. 눈이 많은 지역에서는 눈 피해 대책으로 나무마다 지주를 세워 결속해야 한다.

풋가지꽂이(녹지삽)

가. 미스트 장치

풋가지꽂이는 휴면지 꺾꽂이에 비해 뿌리내림까지의 기간이 짧다. 미국에서는 휴면지 꺾꽂이가 어렵다는 이유로 래빗아이를 풋가지꽂이로 번식시키는 경우가 많다.

풋가지꽂이는 여름에 증산이 많은 시기에 잎을 부착한 채로 꺾꽂이하기 때문에 잎에서의 증산을 억제하는 것이 필수다.

나. 꺾꽂이모의 조건과 채취 시기

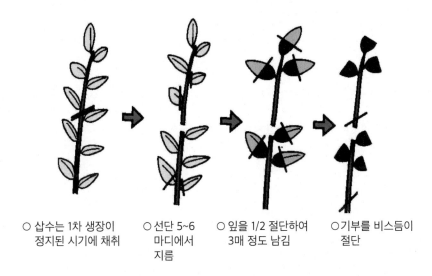

○ 삽수는 1차 생장이   ○ 선단 5~6   ○ 잎을 1/2 절단하여   ○기부를 비스듬이
정지된 시기에 채취   마디에서   3매 정도 남김   절단
                 지름

그림 4-6. 풋가지꽂이를 할 때 꺾꽂이모 만드는 방법

주) 石川駿二等. 2006. ブルベリの作業便利帳.

6월 하순~7월 상순이 제1차 새 가지 신장의 정지기로 풋가지꽂이를 위해 앞쪽 끝이 충실한 가지를 채취한다. 이 시기는 한냉지와 온난한 지역에서의 차이가 크다. 북부 하이부시의 경우 새 가지의 제1차 신장 정지기에서 2주 이내에 채취해 꺾꽂이하면 비교적 뿌리를 잘 내리며, 만생종은 조생종보다 약간 늦은 시기에 채취해야 발근율을 높일 수 있다.

미국 미시시피 주립대학의 보고에 의하면 풋가지꽂이로 이용하는 꺾꽂이모의 채취 시기는 새 가지 앞쪽 끝의 눈이 멈추기 시작했을 때쯤이 좋고 너무 이르면 시들기 쉬우며 너무 늦으면 발근율이 낮아진다고 한다. 그 이후에는 제2차 움 (맹아)이 차차 생겨난 직후에 채취해도 뿌리는 잘 내린다.

다. 꺾꽂이모 만들기

꺾꽂이모는 새 가지 앞쪽 끝을 5~6마디에서 잘라내 물이 들어 있는 물통에 담근다. 채취 뒤에는 곧 기부의 잎을 제거하고 앞쪽 끝 2~3잎을 남긴다. 이때 큰 잎은 절반 정도를 자른다. 꺾꽂이모 기부는 채취 시 붙어 있거나 부러진 조직을 제거하기 위해 날카로운 칼로 자른다.

풋가지꽂이용 꺾꽂이모를 대량으로 채취하면 나무가 약해지기 쉽고 다음해 꽃눈도 적어진다. 과실을 생산하는 나무에서 꺾꽂이모를 채취할 경우에는 나무 생육상태를 판단해 채취량을 정한다.

용토와 꺾꽂이상은 휴면지 꺾꽂이의 경우와 마찬가지면 좋으나 미스트 장치 등을 이용해 증산을 막을 필요가 있다.

라. 꺾꽂이와 작은 화분 심기

꺾꽂이판에 꺾꽂이할 위치에 꺾꽂이모보다 약간 굵은 나무 막대기 등으로 구멍을 내고 그 자리에 꺾꽂이모 길이의 1/2~2/3를 꽂는다. 간격은 5×5cm 정도로 하며 꺾꽂이모를 꽂으면서 손으로 꺾꽂이판을 눌러 다진다.

풋가지꽂이는 꺾꽂이 후 4~7주 만에 뿌리를 내리는데 뿌리내린 꺾꽂이모는 작은 화분에 옮겨 심는다. 용토는 완숙유기물과 모래를 섞은 것을 이용한다. 이식하면 완효성 고형비료를 주는데 질소비료 성분이 있으면 겨울에 동해를 받기 쉬우므로 주의해야 한다.

작은 화분에 옮긴 나무모는 동해를 받지 않는 곳에서 월동시키며 건조 방지를 위해 왕겨 등을 덮어도 좋다. 휴면타파에 필요한 저온요구량을 충족시킨 후 온실 등에 넣어 생육을 촉진시켜도 된다.

풋가지꽂이는 발근촉진제를 사용해도 효과가 없으며 물은 미스트로 10분 간격으로 2~10초간 살수하면 좋다.

휘묻기(취목법)

가. 흡아와 땅속줄기(라이좀)에서 만드는 큰 모종

블루베리는 관목성이기 때문에 나무 중심주를 중심으로 강하게 뻗는 새 가지가 매년 발생해 나무가 커진다. 나무 중심주에서 나는 새 가지 중에 땅속에서 발생한 것을 흡아(Sucker)라고 부르는데 이 흡아는 래빗아이에 많고 북부 하이부시는 적다.

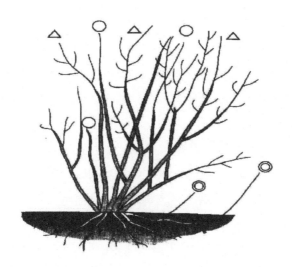

영명
Cane
○ 1년생지(원주부터 신초가 발생)
△ 주축지(2년생 이상의 원주부터 강하게 신장)
◎ 흡아
→ 지하경

그림 4-7. 휴면기의 블루베리 나무 모양

주) 石川駿二等. 2006. ブルベリの作業便利帳.

또 저목성이고 옆으로 확대돼 커지는 로우부시는 땅속줄기가 뻗어 나무에서 떨어진 곳에 흡아를 발생시키며 퍼지는 성질이 강하다. 반수고 하이부시 품종 중에는 로우부시와의 교잡에 의해 육성된 '노스랜드' 등 땅속줄기 발생이 잘되는 품종이 적지 않다. 또 남부 하이부시는 육성친인 야생종(*V. darrowi*)이 저목성이기 때문에 땅속줄기가 옆으로 퍼져서 흡아가 발생하기 쉽다.

블루베리의 큰 모종 육성을 위해 이 흡아를 떼어내거나 땅속줄기를 이용해 휘묻는 방법이 있다. 래빗아이는 아주심은 후 수년이 지나서 뿌리가 퍼지게 되면 땅속줄기도 옆으로 퍼져 본래 나무에서 떨어진 곳에 다수의 흡아가 발생한다. 비교적 어린나무에서 발생한 흡아는 발생 부위 근처에서 뿌리가 붙은 채로 파내어 모종으로 이용한다. 파낸 흡아는 꺾꽂이모종의 2년생만큼 큰 것이 많고 휴면기에 잘라내면 아주심기용으로 좋은 나무모가 된다.

나. 큰 나무에서는 분리

아주심은 후 10년 이상 경과된 나무에서 분리용 삽을 땅속에 넣어 흡아를 떼어내는 일은 어렵다. 이 경우에는 흡아 주위의 흙과 덮어놓은 재료를 제거하고, 뿌리가 달린 상태에서 도구를 이용해 떼어낸다.

다. 성토법에 의한 나무모 번식

수세가 강한 래빗아이에서 많은 흡아가 발생해 처리에 고심하는 경우가 있는데 휴면기에 원래 나무의 흙을 제거하고 잘라내면 한 나무에서 여러 주의 큰 나무모를 얻을 수 있다(그림 4-8). 흡아 발생이 적은 품종은 어린나무를 지표면 근처에서 자르면 많은 새 가지가 자란다. 이 새 가지는 꺾꽂이용으로도 적합하지만 피트모스, 왕겨, 톱밥, 모래 등으로 섞은 용토를 절단한 나무에 쌓아 휘묻는 방법으로도 큰 모종 번식이 가능하다.

그러나 1년 이상 지난 가지에서는 뿌리 발생이 낮아지므로 자란 새 가지를 몇 번 나누어 흙을 북돋아 준다. 또 쌓아올린 용토는 건조하기 쉬우므로 짚 등으로 덮어 수분 증발을 막고 경우에 따라서는 물을 주어야 한다.

라. 한냉지에서의 가온 방법

온상을 이용할 수 있으면 뿌리내림을 향상시킬 수 있다. 온상은 20~25℃가 좋으며 전열선 등을 이용할 수 있다. 자동온도 조절기를 사용하여 온도관리를 하며, 전열선과 뿌리가 너무 가까이 접촉하지 않도록 해야 한다.

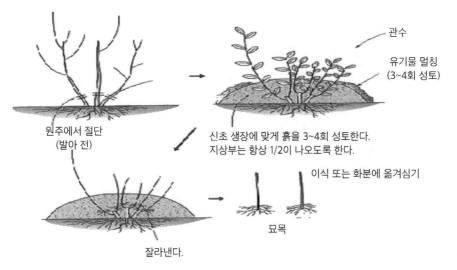

원주에서 절단
(발아 전)

관수

유기물 멀칭
(3~4회 성토)

신초 생장에 맞게 흙을 3~4회 성토한다.
지상부는 항상 1/2이 나오도록 한다.

이식 또는 화분에 옮겨심기

묘목

잘라낸다.

그림 4-8. 휘묻이 모종의 육성법

주) 石川駿二等. 2006. ブルベリの作業便利帳.

마. 작은 화분에 옮기는 시기와 방법

(1) 가을이나 이듬해 옮기는 방법

블루베리는 꺾꽂이 후 60~80일이 되면 뿌리를 내리므로 이 시기가 지나 70~80일이 됐을 때 뿌리내린 상태를 확인하고 나서 옮겨 심는다. 그러나 한냉 지에서 꺾꽂이판을 노지에 설치한 경우에는 뿌리가 늦게 발생할 수 있고, 9월 이후에 기온 저하가 빠른 지역은 가을에 작은 화분에 옮기면 그 후 생육 기간이 짧아 월동 전에 뿌리를 충분히 못 뻗는 경우가 있다. 이런 경우에는 꺾꽂이판 자체를 월동시켜서 이듬해 싹트기 전에 작은 화분으로 옮기는 것이 좋다. 이때 쌓인 눈은 특별히 문제가 되지 않으나 건조에 주의해 낙엽 후에도 꺾꽂이판의 건조 상태를 관찰하며 필요하면 월동 중에도 물을 주어야 한다.

(2) 작은 화분크기

작은 화분은 지름 10.5~12cm인 비닐로 된 것을 이용하는데 나무 모종의 수가 적을 경우에는 이보다 약간 큰 화분을 이용하면 생육이 순조롭다.

작은 화분에 사용하는 용토는 모래와 완숙유기물을 3:7로 혼합하거나 약간 많게 한다. 꺾꽂이판의 나무모를 작은 화분에 옮기기 위한 용토는 통기성과 보수성이 좋아야 하며, 밭 흙을 섞을 때는 10~20% 적게 하는 것이 좋다.

(3) 작은 화분에 옮겨 심은 후 물 관리와 시비

작은 화분에 옮긴 다음에는 당분간 음지에 두는 것이 좋으며, 2~3주간 뿌리 활착을 기다린 다음 시비한다. 비료는 꺾꽂이판과 마찬가지로 완효성 고형비료를 이용하는 것이 안전하다.

북부 하이부시는 뿌리가 깊지 않고 습해에 약하기 때문에 휘묻이에 이용되는 용토의 통기성이 떨어지면 모주가 시들어버리는 경우도 있다.

블루베리

재배 기술

01 수체와 과실의 발달

형태

과수재배는 과수가 지닌 특성을 최대한으로 발휘시키는 것으로 블루베리 나무의 형태적 특성을 이해하는 것이 성공적인 재배를 위한 가장 기초적인 것이다.

산앵도나무속의 절 및 종의 특징은 분류편에서 서술했다. 여기서는 하이부시 및 래빗아이 블루베리 나무의 생육, 재배 기술과 깊게 관계하고 있는 나무, 잎눈, 잎, 꽃, 과실 및 뿌리의 형태적 특징을 다루었다.

가. 나무

(1) 나무 높이(수고)

나무 높이는 블루베리 종류에 따라 크게 다르다. 재배와 식품 산업상 가장 중요한 하이부시 블루베리와 로우부시 블루베리는 나무 높이에 따라 구분된다.

하이부시 블루베리는 나무 높이가 1.5~3.0m의 범위에 있고, 로우부시 블루베리는 나무 높이가 1m를 넘지 않는 종류다. 하이부시와 로우부시 블루베리와의 교잡종인 반수고 하이부시 블루베리의 나무 높이는 재배종 '노스스카이(Northsky)'인 경우 1m 정도가 된다.

래빗아이 블루베리는 과실의 발육 단계에서 성숙 전에 토끼의 눈처럼 빨개지는 과피 색에서 유래됐으며, 나무의 생육이 왕성하고 하이부시 이상의 나무 높이가 된다.

(2) 나무 자세(수형)

나무 높이와 마찬가지로 나무 자세도 블루베리 종류에 따라 다르다. 하이부시와 래빗아이 블루베리에서는 대부분 몇 개의 줄기가 자라 수관을 형성한다. 이에 비해 로우부시 블루베리에서는 광범위하게 집락(Colony)을 형성하며, 집락의 크기(면적)는 반경이 10m 이상에 달한다.

나. 잎눈(엽아)

하이부시와 래빗아이 블루베리의 잎눈은 새로 자란 가지의 중앙부에서 기부에 걸친 잎액에 형성되고 가지의 상부에는 꽃눈이 형성된다.

휴면 상태의 눈은 2~4매의 쪽(인편)으로 덮여 길이 3~4mm의 작은 원추형을 하고 있다. 봄이 되면 급격히 비대하고 3월 하순에는 발아해 잎이 가로로 둥글게 돼 앞쪽 끝이 뾰족한 모양이 된다. 가로로 말린 상태의 잎몸은 개화 초기가 되면 1~2cm 길이가 돼 퍼진다. 꽃이 필 때 새로운 가지 길이는 3~5cm가 되고, 3~5개의 잎을 달고 있다. 잎차례는 2/5가 되고 줄기 축에 붙는다.

그 후 대부분의 새로 나온 가지는 6월 중순에서 7월 상순까지 자란다. 이때 새로 나온 가지 최선단의 생장점이 검게 변해 말라 죽게 된다. 이 부위가 건조해 시들고 나서 약 2주간 붙어 있다가 그 후 떨어지는데 이 시기가 새 가지 정지기이다.

새로 나온 가지 앞쪽 끝의 검은 작은 잎이 떨어지고 2~5주 후에는 영양눈에서 다시 새로운 가지가 자라 제2차 신장지가 된다. 2차 및 3차로 자란 가지의 발생은 래빗아이가 하이부시보다 많다.

다. 잎

블루베리 잎은 홑잎이고 줄기상이 번갈아 붙으며 대개는 낙엽성이다. 잎 크기는 여러 가지지만 하이부시 블루베리는 8cm 정도이고 로우부시는 0.7~3.5cm이다. 래빗아이 잎은 대개 하이부시보다 작다.

잎의 모양은 다소 긴 타원형에서 계란 모양까지 다양하며 잎 뒷면에 털이 있는 종류와 없는 종류가 있다. 또 엽록의 상태 및 밀생의 유무는 블루베리의 식물학적 분류에 있어서 가장 중요한 형질의 하나다. 래빗아이 잎에는 밀생이 있고, 엽록은 전체가 푸르다.

라. 꽃

(1) 꽃차례(화서)

블루베리 꽃은 일반적으로는 총상꽃차례인데, 한 줄기 신장지에 작은 꽃자루가 있고 여기에 꽃이 붙는 단일화서이다. 대부분의 종은 정액성 꽃차례이다. 꽃눈은 전년에 새로 나온 가지 신장이 멈추고 나서 가지의 선단과 그 밑 수 개의 마디에 구형으로 눈이 형성되고 이어 꽃눈 밑에 마디에 잎눈이 달린다. 따라서 새로 자란 가지 위쪽에는 꽃눈이 붙고 밑에는 잎눈이 형성됐다가 이듬해 제 기능을 발휘한다.

보통 잎액에 한 개의 꽃집(화방)이 달리지만 하이부시 블루베리는 여러 개의 화방이 달리는 것도 볼 수 있다. 이 경우 1차 꽃차례는 2차 꽃차례보다도 소화 수가 많고 개화도 이른 경향이 있다.

가지당 착생하는 화방 수 및 소화 수는 재배종에 따라 다르다.

(2) 꽃눈 분화

꽃눈 분화는 새로 자란 가지가 신장을 멈추고 나서 수주 후에 시작된다. 그러나 꽃눈 분화 시기는 블루베리 종류에 따라 다르고, 로우부시 블루베리는 새로운 가지 생장 정지 약 1주일 후에 시작된다. 하이부시, 래빗아이는 꽃눈 분화가 늦게 시작되는데 일본에서 하이부시 만생 '저지'의 꽃눈 분화는 7월 상순부터 시작돼 9월 중순까지로 조사되었다. 래빗아이 '티프블루'의 꽃눈 분화 시기는 7월 하순에서 9월 중순 사이다.

꽃의 원기는 가지 끝(정단)이 자람에 따라 액상의 분열조직에서 구성적으로 발생한다. 꽃눈은 계절이 지남에 따라 비대하고 전형적인 모양의 구형이 되며 잎눈은 길고 뾰족한 모양이 되어 꽃눈과 잎눈이 쉽게 구별된다. 그 후 다음해 2월까지 꽃눈의 크기는 거의 변하지 않는다. 3월이 되면 눈이 커지고, 4월 초부터 개화가 시작되며 4월 중순쯤에 만개가 된다. 개화 기간은 기상 조건과 가지 치는 방법에 따라 다르지만 3~4주간이다.

(3) 작은 꽃(소화)

작은 꽃(소화)에는 몇 가지 모양이 있지만 대부분은 구형, 거꾸로 된 종형, 항아리형, 관상형(管狀形)을 하고 있다. 꽃잎은 결합해 꽃부리가 되며, 보통 백색 또는 분홍색이다. 꽃받침은 4~5개의 움푹 들어간 결각이 있으며 씨방이 달리고 과실이 성숙할 때까지 과실에 붙어 있다. 소화는 씨방 하위이며, 씨방은 4~5개의 씨실을 가진다. 그 안에 1개에서 수 개의 밑씨를 가지고 있기 때문에 종자 수는 수십 개가 된다.

암술은 작은 암술머리를 가진 가는 조직상의 화주에서 이루어진다. 8~10개의 수술이 있고 꽃부리가 잘려 들어 있다. 수술은 꽃부리의 기부에 부착돼 화주의 주위에 둥근 모양으로 빽빽하게 붙어 있다. 수술은 약과 꽃차례에서 이루어지고 화주보다도 짧다. 약의 상반부는 2개의 튜브 모양 또는 소돌기에서 이루어지고 화서에는 가장자리에 털이 있다. 개약은 소화기의 끝에 있는 구멍에 의해 영향을 받는다.

꽃가루(화분)는 4분자이고 입체적으로 집합하고 있다. 즉 1립으로 보이는 것은 4개의 꽃가루 덩어리다. 원칙적으로는 어느 꽃가루라도 4개의 꽃가루관을 신장시키지만 꽃가루관 개수별 발아율은 품종에 따라 다르다.

작은 꽃이 필 때 같은 가지에서는 가지 선단의 꽃방이 최초에 피고, 아래의 꽃방의 개화가 늦어진다. 같은 꽃방에서는 기부의 작은 꽃이 피며 선단부의 작은 꽃이 가장 늦다. 꽃 피는 시기와 과실 성숙의 시기는 직접 관계하지 않는다.

마. 과실

과실은 개화 2~3개월 후에 성숙하고 안에 다수의 종자를 갖는다. 성숙과는 대부분 청흑색(Blue-black)이 되는데 과피색이 완전히 변하여 성숙과의 색깔로 되면 과실의 크기에는 거의 변화가 없지만 단맛(감미)과 풍미는 더욱 높아진다. 과실 성숙기가 종류 및 품종에 따라 다른 것은 당연하지만 종자의 크기와 수도 다르다.

일반적으로 래빗아이는 하이부시보다 종자가 크고 수도 많은 경향이 있다. 블루베리 과실은 껍질을 벗기거나 종자를 제거하지 않고 과실 통째로 먹을 수 있다. 하이부시 블루베리는 종자가 과실의 풍미를 손상시키는 일이 없지만 래빗아이는 혀에 위화감을 느끼게 하는 품종도 있다.

바. 뿌리

(1) 수염뿌리(섬유근)

블루베리 뿌리는 대부분이 잔뿌리이고 수염뿌리다. 뿌리털이 없기 때문에 잔뿌리의 신장력과 뿌리의 영양분 흡수력이 다른 작물에 비해 약하다. 또 블루베리의 잔뿌리는 생육이 적합한 조건에서도 1일 1mm 정도가 자라 소맥의 1/20 정도 된다. 어린 블루베리의 잔뿌리는 직경이 50~75μm다. 균근은 유기물 멀칭재배를 하거나 시용한 질소의 양이 비교적 적은 경우에 많이 발생한다.

(2) 뿌리의 분포

뿌리의 토양 중 신장 범위는 비교적 좁고 대부분은 수관 하부에 있다. 뿌리의 분포는 토양의 종류와 물리성에 가장 크게 영향을 받는다.

또 파쇄된 나무조각 등으로 멀칭할 경우 나무 중심에서 바깥으로 깊이는 지표면 아래 15cm 이내에 집중된다.

블루베리 뿌리는 자주 어느 한 부위에서 왕성한 생육과 분포를 하는데 이는 뿌리에 의한 양·수분의 흡수와 깊은 관계가 있다. 흡수할 수 있는 비료 성분과 토양 수분이 풍부한 부위에 뿌리를 빽빽하게 뻗은 결과 잔뿌리가 굳어져서 생긴다.

(3) 연간 뿌리의 활동

하이부시 블루베리 뿌리의 신장은 지온 8℃ 이하에서 저하하는 것을 관찰할 수 있다. 뿌리 신장은 1년에 두 번으로 6월 초와 9월 2주째에 뿌리 신장이 왕성하다. 이 시기의 지온은 14℃에서 18℃ 사이에 있고 뿌리의 신장은 지온이 온도 범위보다도 높거나 혹은 낮게 되면 약해진다. 하이부시 블루베리의 경우 뿌리의 최대 신장기는 새로운 가지 자람과 일치한다.

(4) 꽃눈 분화, 수분 및 결실

블루베리 과실의 안정 생산을 위해서는 결실률이 대략 80% 이상이 돼야 한다. 또 종자가 많이 들어 있는 과실은 종자 수가 적은 과실과 비교해 크고 조기에 성숙한다. 때문에 충분한 수분수를 확보하기 위해 한 과수원 내에 여러 품종을 심고 개화 기간 중에는 매개 곤충인 꿀벌을 방사할 것을 권장하고 있다.

사. 꽃눈 분화

(1) 새로운 가지 신장

블루베리 꽃눈은 그해에 자란 가지 위쪽(정측성 꽃눈)에 붙기 때문에 새로운 가지는 작년에 자란 가지의 선단보다 몇 마디 밑에 있는 측아에서 발생한다. 잎눈의 움(맹아)은 꽃눈보다도 1~2주 늦어지고, 대부분의 품종에서 잎눈은 3월 중순이 되면 급격하게 부풀어 오르기 시작한다. 그러나 3월 하순이 돼도 잎은 전개되지 않으며, 4월 상순에 개화가 시작되고 나서 겨우 벌어지기 시작한다. 그 후 점차 신장의 속도가 빨라져서 새로운 가지가 길어지고 잎 수가 증가한다. 이 시기에 자라는 새로운 가지를 1차 신장지(봄가지)라고 부르며 6월 하순부터 7월 상순까지는 계속 자란다.

신장이 정지되면 새로운 가지 선단부의 2mm 전후의 작은 잎눈이 검게 변한다. 이 작은 소엽편은 건조해서 시들고 대략 2주간 부착되어 있다가 얼마 후 떨어진다. 이때쯤 새로운 가지의 선단엽이 완전하게 전개한다. 이러한 특징적인 새 가지 선단부 발육 정지가 일어나고 나서 수주 후에 꽃눈 형성이 시작된다.

다른 과수에서 말하는 여름가지(2차 신장지)와 가을가지(3차 신장지)의 신장은 블루베리에서도 나타나는데 여름가지는 7월 상순에서 8월 중순까지, 가을가지는 8월 하순에서 9월 하순까지 신장이 계속된다. 발생 정도는 블루베리 종류에 따라 다르게 관찰되고 래빗아이 블루베리는 하이부시 블루베리보다 많은 여름가지 및 가을가지가 발생한다. 여름가지는 착생된 꽃눈이 봄가지처럼 많지만 가을가지는 적다. 새로운 가지의 발아 및 신장 종료는 광, 온도, 수분 및 나무에서의 가지 위치 등에 따라 영향을 받는다. 예를 들면 개화기인 3월에서 4월에 걸친 저온에 의해 새로운 가지 발아가 늦어지거나, 여름에 비교적 강수량이 많았던 해에 신장 정지기가 늦어지는 것은 흔한 일이다. 음지의 가지는 햇빛을 충분히 받고 있는 가지보다도 늦게까지 신장하며 가늘고 긴 가지가 되는 것이 보통이다.

(2) 꽃눈 분화

블루베리의 꽃눈은 가지 끝 부위에 형성되는 정측성 꽃눈(頂側性 花芽)과 꽃눈과 잎눈이 따로 따로 생기는 순정 꽃눈(純正 花芽)이다. 꽃눈 분화는 잎눈이 꽃눈으로 전환하는 생리적 꽃눈 분화기와 형태적 변화를 보이는 형태적 꽃눈 분화기로 구분할 수 있는데, 분화기는 같은 종류와 품종이라도 기상 조건과 장소에 따라 다르다.

표 5-1. 하이부시 '저지', 래빗아이 '우다드' 및 '티프블루'의 꽃눈 분화 개시기 및 화기의 발육 경과

단계	저지	우다드	티프블루
	월/순 ~ 월/순	월/순 ~ 월/순	월/순 ~ 월/순
꽃눈 분화 개시기	7 상 ~ 9 중	8 상 ~ 9 중	7 하 ~ 9 중
소포 형성기	7 상 ~ 9 중	8 상 ~ 9 중	7 하 ~ 9 중
꽃받침 형성기	7 중 ~ 9 하	8 중 ~ 9 하	8 중 ~ 10 상
꽃부리 형성기	7 하 ~ 9 하	8 중 ~ 9 하	8 중 ~ 10 상
수술 형성기	8 하 ~ 9 하	8 하 ~ 9 하	8 중 ~ 10 하
암술 형성기	9 상 ~ 10 하	9 상 ~ 10 중	9 상 ~ 10 하
암수술 신장기	9 중 ~ 10 하	9 하 ~ 10 중	9 상 ~ 10 하
밑씨 형성기	9 중 ~ 10 하	10 상 ~ 10 하	10 상 ~ 11 중

주) 玉田孝人. 1998. 農業および園藝. 73(1)

일본 지바 지방에서 하이부시 '저지'는 7월 상순~9월 중순, 래빗아이 '우다드'는 8월 상순~9월 중순, '티프블루'는 7월 하순에서 9월 중순 사이에 꽃눈이 분화됐다. 미국 북동부 외 로드아이랜드주에서 하이부시 블루베리 여러 품종의 꽃눈 분화 시기는 7월 하순에서 8월 하순까지고, 개화 후 60일에서 90일 사이에 있었다. 생리적 꽃눈 분화기는 이 시기보다도 더 전에 있었을 것으로 보인다. 꽃눈 분화 시기는 가지에서 눈의 위치에 따라 다르고 동일하게 새로 발생된 가지라도 선단에 있는 눈은 아래에 있는 눈보다도 일찍 꽃눈이 분화한다.

블루베리 꽃눈은 새로운 가지 선단에서 시작돼 기부 방향으로 진행되는 성질을 갖고 있다. 선단에서 아래로 다섯 번째 눈 또는 그 이하의 꽃눈은 선단 눈에서보다 수주간 늦게 생기고 9월 중순에는 볼 수 있다. 그 후 꽃눈은 10월 말에서 11월 중순까지 장기간에 걸쳐 분화해 증가한다.

꽃눈 분화에 영향을 미치는 요인

블루베리 꽃눈 분화에 영향을 미치는 요인은 다음과 같다.

〈탄수화물과 질소의 비율〉
탄수화물과 질소의 비율(C/N)이 블루베리 꽃눈 분화에 미치는 영향은 확실히 규명돼 있지 않지만 탄수화물과의 관계에서 질소량이 과잉되면 꽃눈 형성이 떨어지는 현상이 많이 나타난다. 질소 과잉으로 새로운 가지 신장이 늦게까지 계속되거나 그늘진 곳에서 자란 나무의 가지, 여름에 낙엽이 됐던 가지 등에서 꽃눈 분화가 늦어지고 또 착생 수가 적어지는 것이 그 예이다.

일반적으로 알맞은 질소 시용량에 의해 신장한 충실한 새로운 가지에서 건전한 꽃눈이 분화한다.

〈해거리 열기(격년 결과)〉
블루베리는 원겉가지(주측지), 열매밑가지(결과모지)와 열매가지(결과지)를 몇년마다 또는 매년 갱신하는 다른 교목성 과수처럼 현저한 해거리 열기를 나타내는 일은 적다. 그러나 극히 결실량이 많았던 다음해는 탄수화물 소비가 많기 때문에 꽃눈 형성이 억제되며 착과량이 적어지고 새 가지 발생이 왕성해지는 경향이 있다. 이러한 성질은 하이부시 블루베리에서는 '다로'에서 보여지고 래빗아이 블루베리에서는 '우다드'에 그런 경향이 있다.

해거리 열기에 가장 크게 영향을 주는 기술 중 하나가 가지치기이다. 예를 들면 과도한 가지치기는 영양생장을 왕성하게 해서 충실하지 못한 새 가지 신장을 가져오기 때문에 꽃눈 착생이 적어지고 따라서 꽃눈 형성이 해거리로 나타나게 된다.

〈기타〉
많은 과수에서 목상이나 환상박피를 한다. 블루베리도 목상이나 환상박피 시 꽃눈 형성을 높일 수 있지만 관목이라 시간이 많이 소요되고 번거롭기 때문에 대규모로 하기는 어렵다.

가. 꽃의 특성

(1) 꽃의 구조

블루베리 꽃은 종 모양 또는 항아리 형태의 작은 꽃들이 10개 정도 모여 꽃방을 구성하고 꽃들은 아래 방향으로 향해서 핀다.

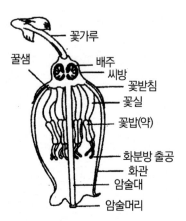

그림 5-1. 블루베리 꽃의 구조

주) Williamson과 Lyrene, 1995

꽃 가장자리(화변)는 합변으로 꽃부리(화관)를 형성하고 그 안에 암술과 수술이 있다. 암술대(화주)는 10~15mm이고 대부분의 품종에서는 꽃부리 바깥에 나와 있다. 수술은 대략 10개의 약으로 이루어지고 암술대보다도 짧다. 씨방은 아래에 위치한다.

이러한 블루베리 꽃의 구조에서 종 모양의 꽃부리 속에 들어 있는 약의 화분을 꽃부리에서 돌출된 암술머리에 부착시키는 일, 즉 동일 꽃에서의 수분은 상당히 어렵기 때문에 매개곤충이 필요하다. 꽃부리 내부의 기부에는 밀샘이 있어 방화곤충을 유인할 꿀을 분비하고 있다. 블루베리 꽃은 유채꽃 다음으로 방화곤충이 좋아한다고 알려져 있다.

(2) 꽃 피는 순서

저온 조건이 충족된 후 적당한 온도가 되면 꽃이 핀다. 꽃 피는 순서는 가지와 눈의 위치에 따라 다르며, 꽃눈 분화 순서와 같이 가지 선단부의 꽃방이 가장 빨리 피고 가지 기부로 갈수록 늦게 핀다. 동일 꽃방 중 작은 꽃(소화)이 피는 순서는 래빗아이 블루베리의 경우 기부가 빠르고 선단이 늦다.

(3) 꽃 피는 시기

블루베리 꽃이 피는 시기와 피어 있는 기간은 종류와 품종, 재배지의 기상 조건에 따라 다르다. 일본의 지바현에서 관찰된 꽃 피는 형태를 보면 하이부시 및 래빗아이 블루베리는 매년 4월 상순에서 꽃이 피기 시작해 하순 또는 5월 상순까지 계속되고, 꽃이 피어 있는 기간은 2~3주 정도다.

꽃이 피기 시작할 때는 품종에 따라 며칠간의 빠름과 늦음이 있는데 하이부시 블루베리인 '웨이마우스'가 가장 빠르고, 래빗아이 블루베리인 '티프블루'가 가장 늦다.

꽃이 피는 기간은 래빗아이 블루베리가 하이부시 블루베리 보다 대체로 긴 경향이 있다.

개화는 기상 조건 중에 온도(기온)에 가장 큰 영향을 받는다. 개화와 개화 전 일정 기간의 적산온도와 개화 직전 온도와의 사이에 밀접한 관계가 있다.

나. 수분(가루받이)과 결실

대부분의 과수와 마찬가지로 블루베리에 있어서도 종자의 발달은 결실을 위한 필요 조건이고 이는 수분에서 시작된다.

(1) 암술의 수정 가능 기간

꽃이 핀 후 암술의 수정 가능 기간, 즉 수분 후 충분한 수정이 되기까지의 시간은 블루베리 꽃이 핀 후 3~6일간 정도로 알려져 있다. 하이부시 블루베리의 암술은 개화 4일 후에 79%의 수정 가능성을 갖고 있고, 개화 5일 후에도 63%였다.

수정 가능 기간은 종류 및 품종에 따라서도 다른데 하이부시 블루베리는 개화 8일 후까지도 가능하며, '코빌'보다도 길었다. 래빗아이 블루베리를 이용한 실험에서 경제적인 결실률을 얻을 수 있었던 것은 개화 6일 후까지였다.

꽃가루(화분)의 발아와 꽃가루관(화분관)의 신장은 외적 조건에서는 온도에 가장 많이 의존하고, 일반적으로는 낮은 온도보다도 높은 온도에 의해 촉진된다. 하이부시 블루베리에서 꽃가루관이 밑씨에 이르기 위해 필요로 하는 시간은 온도 조건에 따라 1일에서 4일 정도까지 차이가 있다.

수정하면 소화(小花)의 형태(외관적)가 변화하여 수정의 징후를 관찰할 수 있다. 소화병은 꽃을 위쪽으로 쳐들고 꽃의 화관은 닫히며 갈색으로 변해 떨어진다. 수술과 화주는 같은 시기에 닫힌다. 한편 수정되지 못한 소화는 와인색으로 변색되고, 10일 이상이나 꽃방에 남아 있는다.

(2) 수분과 수정에 영향을 미치는 요인

일반적인 과수에서 수분과 수정에 영향을 주는 요인으로 화기의 형태, 매개곤충의 방화와의 관계, 꽃가루의 불임성, 밑씨주머니(배낭)의 이상 생장, 자웅이숙(雌雄異熟) 등을 들수 있다.

그러나 블루베리의 경우 하이부시 및 래빗아이 블루베리 두 종류 모두 위에서 나열한 수분 또는 수정에 치명적인 영향을 줄 것 같은 유전적 요인의 존재는 확인되지 않았다.

〈자가화합성〉

블루베리의 자가화합성에 관한 연구는 비교적 많지만 그 결과가 반드시 일치하지는 않는다. 하이부시 블루베리인 '루벨'을 이용한 자가화합성 조사로 개화 전 가지에 봉지를 씌워 방화곤충의 활동을 막고 인공 수분구와 나무를 혼식한 구 등 3구를 설치했다. 그 결과 모든 구에서 충분한 과실 수량을 얻을 수 있었기에 하이부시 블루베리는 자가화합성이라 했다. 또 꽃가루관의 신장과 수정 상태를 관찰했더니 꽃가루관은 2일 동안 암술대를 지나서 밑씨에 도달하고 3일 안에 수정이 완료되었다고 한다.

그러나 하이부시 블루베리 중 일부 자가불화합성 품종도 있다는 것이 코빌(Coville, 1921)에 의해 처음으로 밝혀졌다. 코빌은 같은 나무의 꽃을 가루받이한 과실이 다른 종류의 꽃가루를 가루받이한 것보다도 작고, 성숙기가 늦어지고 있으며 자가불화합성이 인정된다고 했다. 그 후 여러 연구자에 의해 자가 수분은 타가수분보다도 꽃가루관의 신장이 극단적으로 떨어진다는 것이 밝혀졌다.

〈자가수분과 타가수분의 비교〉

과실 생산에서 자가수분과 타가수분의 경제적 가치 평가는 다르다. 하이부시 블루베리는 자가수분에서도 충분히 결실하지만 혼식에 의한 타가수분의 경우 자가수분 과실보다도 성숙기가 빠르고 과실이 크고 완전하게 발육한 종자가 많다.

〈자연수분과 방화곤충〉

블루베리 꽃은 종 모양으로 꽃부리의 선단이 좁아지고, 암술대가 꽃부리보다도 길게 돌출돼 있다. 약은 꽃부리 내부에 숨겨져 있고, 꽃가루는 비교적 무겁고 점착성이 있어 뭉쳐진 상태다. 그렇기 때문에 블루베리에서는 같은 꽃의 가루받이나 바람에 의한 가루받이는 상당히 어렵고, 자연 조건에서의 가루받이 대부분이 방화곤충 활동에 의존하고 있다.

꿀벌은 다른 과수와 마찬가지로 블루베리에서 대표적인 방화곤충이다. 꿀벌의 활동은 기온과 풍속, 강우에 따라 좌우된다. 가장 활발한 온도는 21℃일 때이고, 14℃ 이하에서는 거의 활동하지 않는다. 초속 11.2m 정도의 바람에서 활동을 정지하고 강우도 활동에 방해를 주는 요인이다. 맑은 날에는 수 km를 날아다니지만 날씨가 차갑고 구름 낀 날에는 1km도 날지 않는다. 또 약제에 의해 큰 피해를 받을 수 있다.

꿀벌을 방화곤충으로 이용하는 이유는 같은 종류의 꽃 사이를 계속해 날아다니는 것과 사육하여 다수의 개체를 쉽게 얻을 수 있기 때문이다.

블루베리에는 꿀벌이 자주 찾는 품종과 그렇지 않은 품종이 있는데 하이부시 블루베리 중 '루벨', '준', '란코카스'는 자주 가고 '얼리블루', '코빌'에는 적게 간다. 이러한 차이는 꿀벌이 목적으로 하는 꿀의 양과 당의 종류가 다르기 때문으로 해석된다.

자연 가루받이는 주로 꿀벌에 의존하고 있다. 그러나 결실률과 수확률이 낮고, 충분한 과실 수량을 얻기 위해서 필요한 80%의 결실률에는 미치지 못한다. 따라서 개화 기간 중 꿀벌을 갖다놓아 충분한 수분이 되게 하여 결실률을 높일 필요가 있다.

개화 기간 중에 꿀벌통을 설치하는 것이 권장되고 있는데 미국에서는 40a에 18,000마리 한 통 정도다. 꿀벌통은 개화가 5% 정도 됐을 때부터 화변이 떨어질 때까지의 기간 동안 일사량이 좋은 장소에 두고 입구를 동쪽으로 향하게 한다. 꿀벌은 나무 열간을 횡단하기보다는 열간을 따라 날아다니는 습관이 있기 때문에 10열마다 약 100m 간격으로 과원 전체에 평균적으로 설치하는 것이 바람직하다.

또 개화 기간 중에는 살충제를 살포하지 않는 것은 물론이고 주변에 블루베리보다 꿀벌이 좋아하는 꽃이 없도록 하는 것도 중요하다. 일본의 경우는 10a에서 20a에 꿀벌 1통을 둔다.

다. 열매 떨어짐(낙과)과 최종적인 결실률

(1) 종자의 발육

꽃가루관이 자라 암술대를 지나서 밑씨까지 도달하는 데는 대략 4일 정도가 필요하지만 대부분 밑씨의 80%는 발육이 불량하다. 밑씨의 발육 불량은 세 가지 형태로 구분할 수 있는데 밑씨가 죽어 수정이 잘 안 된 것, 과실 발육 단계 1기에서 2기로의 이행기와 발육 단계 2기의 초기에 씨눈(배)이 정상으로 발육하지 않은 것이다.

밑씨의 발육 불량은 성숙 과실 종자의 형태에서 판별할 수 있다. 수정이 되지 않은 종자의 경우, 세포는 거의 붕괴돼 있고 완전하게 수정한 것과 비교해 보면 작고 모양이 여러 가지다. 종피 내에 공막이 있기 때문에 종자는 용이하게 물에 뜬다. 한편 종자 발육에서 생겨난 밑씨의 발육 불량 종자는 크기가 중간 정도고 생존력이 없는 배를 가지고 목질화된다.

(2) 열매 떨어짐(낙과)

알맞게 관리된 블루베리 나무에서는 개화된 꽃 전부가 결실할 수 있는 힘이 있다. 또 과실의 낙과도 상당히 적다. 그러나 최종적인 결실률을 100%로 목표하는 것은 상당히 힘들다.

일반적으로 블루베리에서는 개화 3~4주 후에 큰 생리적 낙과가 발생하는데 원인은 밑씨의 발육 불량에 의한 것이다. 이 생리적 낙과가 끝난 낙과 종료 시기의 결실률을 최종적인 결실률이라 한다.

낙과하는 과실은 발육 단계에서 분명히 다르다. 과실의 크기가 크지 않으며 과피가 붉은색을 띠고 있기 때문에 건전과와 쉽게 구별할 수 있다.

결실률에 우열을 표시해 우(86~100%), 양(71~85%), 보통(56~90%), 떨어짐

(56% 이하)의 4단계로 나누어 보면 주요 재배종에서 '블루크롭'은 우이고 '다로', '버링턴', '딕시', '웨이마우스', '블루레이'는 양이 된다. '콜린스', '저지', '허버트'는 보통이고 '얼리블루', '코빌'은 떨어짐에 속한다.

래빗아이 블루베리에서도 낙과 정도는 품종에 따라 차이가 있는데 미국 플로리다주의 자연수분 조사에서 '티프블루'는 최종 결실률이 36%로 낮았고, '사우스랜드'는 다소 높아 75%에 해당된다. 따라서 이러한 낙과를 적게 하여 최종적인 결실률을 높이려면 하이부시 및 래빗아이 블루베리재배는 충분한 타가수분이 이루어지도록 한 과수원에서도 여러 품종을 심고, 개화 기간 중 과원 내에 꿀벌통을 설치하는 것이 좋다.

과실의 발육과 성숙

개화 결실 후 블루베리 과실은 2~3개월 기간 동안 성숙한다. 이 기간 중 과실은 형태적으로는 2중 S자 곡선을 보이면서 발육하고, 생리적으로는 성숙과의 품질을 가장 크게 결정짓는 단맛, 신맛, 색 등에 관계하는 화학적 성분이 변화하고 축적한다.

과실의 발육과 성숙 정도에 관계하는 요인에 대해 이해하는 것은 블루베리 종류 및 품종 특성의 이해, 적절한 재배 관리법의 확립을 위해 상당히 중요하다.

가. 과실의 구조

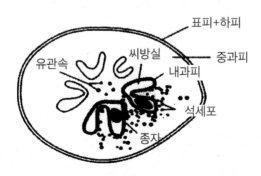

그림 5-2. 과실 구조

주) Eck. p. 1968. Blueberry culture. p. 39

블루베리 과실은 씨방이 발육된 결과로서 진과이다. 성숙과의 가식 부위는 꽃의 구조에서 씨방 전체(블루베리는 종자까지 포함해 과실을 통째로 식용한다)가 된다. 꽃에서 과실로 발육한 부분 중에 과육부(중과피)는 씨방의 중층부가 다육된 부분이고 종자는 밑씨가 자란 부분이다.

나. 과실의 형태적 발육

(1) 형태적 변화의 관찰

수정 후 성숙까지 블루베리 과실의 형태적 변화는 코빌에 의해 이루어졌는데 수정 후 씨방은 대략 1개월 사이에 급속하게 비대하고 부풀어 오르며(과실 생장주기 제1기) 그 이후 1개월 동안 과실은 녹색인 채로 용적 면에서는 거의 증가하지 않는다(과실 생장주기 제2기).

이 변화 없는 시기가 지나면 꽃받침 끝이 자색으로 변하고 과피의 녹색은 반투명색으로 돼 수일 내에 밝은 자색이 되며, 그 후 청색을 증가시켜 최종적인 과실 본래의 블루베리색(자흑색)이 된다(과실 생장주기 제3기). 이 사이에 과실의 용적은 급격하게 증대하는데 직경은 50%까지 증가한다.

또 본래의 과피색이 되고 나서도 과실의 크기는 20%나 증대하고 수일 내에 단맛과 향기가 높아진다.

(2) 2중 S자형 곡선의 생장주기

블루베리 과실은 복숭아, 매실, 포도, 양앵두, 무화과 등과 마찬가지로 2중 S자 곡선을 그리며 생장한다. 하이부시 및 래빗아이 블루베리의 과실 생장주기(과실 무게, 횡경 및 종경)는 명확히 세 가지 단계로 구분할 수 있다.

생장주기 제1기(유아기)는 과실이 급격한 생장비대를 보이는 단계이고, 제2기(비대 정체기)는 생장 정체기다. 그 후 다시 생장비대가 왕성해지는 제3기(최대비대기)가 되는데 과실 크기는 최대로 커지며 과피는 적색으로 착색을 시작하고 이어 과실 전체가 짙은 청자색이 돼 성숙한다.

생장주기 각 기의 끝과 시작은 종류와 품종에 따라 다르다. 생장주기 제2기 기간이 가장 다르고, 과실의 성숙기가 빠른 하이부시 블루베리는 성숙기가 늦어지는 래빗아이 블루베리보다도 단기간이다. 제2기 시작은 하이부시 블루베리는 약 5월 24일,

래빗아이 블루베리는 6월 7일쯤에 시작된다.

따라서 생장주기 제3기의 시작은 하이부시 블루베리가 빨라 '딕시'는 6월 14일, '저지'는 6월 21일쯤이었다. 래빗아이 블루베리는 제3기의 시작도 늦어 '우다드'는 7월 12일, '티프블루'는 7월 26일쯤이었다. 생장주기 제3기의 기간은 어느 품종이든 2~3주였다.

다. 과실의 생리적 발육
과실의 발육 중에서 화학성분 변화에 관한 연구는 비교적 적다.

(1) 수분
블루베리 과실 수분은 하이부시 블루베리의 경우 거의 86%, 래빗아이 블루베리는 82% 정도다. 과실 중 수분 함량은 생장주기 단계에 따라 조금 다르다.

제1기(유과기) 수분 함량은 88.9%였지만 제2기 비대정체기에는 적어졌다. 제3기로 진행돼 과실 최대 비대기(개개 세포의 비대기)에는 수분 함량이 다시 높아졌다.

(2) 환원당
하이부시 블루베리 과실은 13%, 래빗아이 블루베리 과실은 18%의 탄수화물을 함유하고 있다. 하이부시 블루베리 과실의 당은 주로 과당과 포도당이고 이들이 전당의 90%를 차지한다.

과실 발육 기간 중의 환원당은 생장주기 제2기까지는 완만하게 증가했지만 제3기에 과실이 급격하게 비대하고 성숙하는 과정에서 환원당 함량이 현저하게 증가했다.

또한 블루베리 과실은 전분을 함유하지 않는다. 따라서 수확 후 전분이 분해돼 과실 당도가 높아지는 일은 없고, 맛있다고 느껴지는 당도 높은 과실은 완숙과의 수확에 의해서만 얻을 수 있다.

(3) 유기산
블루베리 과실의 유기산은 대부분 구연산(Citric Acid)으로 83~93%를 차지하고 나머지는 소량의 퀴닉산(Quinic Acid)과 사과산(Malic Acid)이다. 과실 발육 중 구연산은 생장주기 제2기 말까지 높은 함량을 나타내고 제3기 과실 성숙

과정에서 급격하게 낮아진다. 이처럼 구연산 함량의 추이는 환원당과는 반대되는 경향이 있다. 즉 블루베리의 미숙과에서는 구연산 함량이 높고 환원당 함량이 낮다.

(4) 알코올 불용성 물질

과실 중 알코올 불용성 성분은 섬유소, 리그닌 등이 일반적이다. 식품 중의 조섬유에 해당하는 성분이지만 과실에서는 생장주기 진행에 따라 증가한다.

(5) 무기성분

과실 중의 질소 및 칼륨 성분은 과실 생장주기 진행에 따라 증가했지만 인산, 칼슘 및 마그네슘의 증가량은 소량이었다. 그러나 건물중에서 모든 성분의 농도는 생장주기의 경과에 따라 낮아졌다.

라. 종자 발육

(1) 종자의 발육 주기

블루베리 종자의 발육은 과실 생장이 상당히 완만해지는 생장주기 제2기에 진행된다. 래빗아이 블루베리 세 품종의 과실 중 종자는 과실 생장주기 제2기에 달했을 때부터 급격하게 비대한다.

그러나 종자 생장이 과실 무게 및 횡경이나 종경과 마찬가지로 2중 S자 곡선을 그리면서 발육하는지에 대해서는 확실하지 않다.

(2) 과실 크기와 종자 수

종자는 양분 및 광합성 산물의 저장고로, 중요한 대사산물의 전달 기지다. 더욱이 직접적으로는 식물호르몬의 공급처로 중요한 생리작용을 담당하고 있다.

이런 점에서 대사물질에 대해 과실의 발육과 새 가지 등 분열이 왕성한 조직들 사이에 경합이 발생하지만 다른 한편에서는 종자 발육을 통해 과실의 크기가 크게 영향을 받기도 한다.

블루베리의 경우 대개 큰 과실이 적은 과실보다 많은 종자를 가지고 있는데 과실 무게는 들어 있는 종자 수와 대립 종자 수에 밀접한 관계가 있다.

과실의 크기와 종자 수의 관계는 품종에 따라 강약이 있다. 하이부시 블루베리 '웨이마우스', '얼리블루', '콩코드', '란코카스'에서는 높은 상관관계에 있고 '저지'와 '딕시'는 상관관계가 낮다. 또 과실 수확일마다 조사한 과실 무게와 종자 수 및 종자 크기와의 관계에서는 지금까지 알려진 것처럼 자연수분 과실의 경우 조기 성숙한 과실이 크고 종자 수도 많으며 종자도 커진다.

한편 충분한 타가수분이 이루어진 경우에 과실 무게의 차이는 1과당 종자 수와의 관계보다도 60%는 다른 요인에 의해 얻어지는 결과이다. 방화곤충의 밀도가 높은 경우에 과실은 많은 종자를 가지고 있지만 종자 수와 과실 크기의 관계는 불과 10% 범위밖에 유리하지 않았다. 그리고 방화곤충의 밀도가 낮은 경우에는 종자 수가 적고 과실은 작아져 과실 크기 변화도 종자 수와 60%정도 관계가 있음을 알 수 있었다.

이러한 결과는 과실 크기와 종자 수의 사이에 상관이 있고, 일정 수 이상의 종자 수가 우수한 크기의 과실 생산을 위해 필요하지만 그 이상의 종자는 과실의 크기에 크게 관계하지 않는 것으로 보인다.

마. 과실 성숙에 따른 생리작용

(1) 착색 단계(스테이지)의 구분

과실 생장주기의 2중 S자 곡선을 보여도 블루베리에서 생장주기 제3기는 착색(성숙) 단계와 거의 일치한다. 즉 이 기간 중에 과실 품질이 결정되는 과피색, 당도, 산도 및 육질 등이 크게 변화한다. 따라서 과실의 형태 및 생리 변화에 대해 상세하게 비교검토하기 위해서는 착색 단계를 더욱 더 구분할 필요가 있다. 일반적으로 구분의 기준은 용이하게 판별할 수 있는 것이 바람직하고 과피의 착색에서 다음 여섯 가지로 구분한 연구가 많다.

(i) 미숙한 녹색기(Immature Green) : 과실은 단단하고 과피 전체가 암록색의 단계
(ii) 성숙 과정의 녹색기(Mature Green) : 과실은 부드러워지고 과피 전체가 맑은 녹색의 단계
(iii) 그린 핑크기(Green-pink) : 과피는 전체적으로 맑은 녹색이지만 꽃받침 선단이 약간 분홍색이 된 단계

(iv) 블루-핑크기(Blue-pink) : 과피는 전체적으로 파랗지만 줄기 끝이 약간 분홍색을 띠고 있는 단계

(v) 블루기(Blue) : 과피 전체가 거의 완전하게 파랗지만 과병흔(Scar)의 주변에 약간 분홍색이 남아 있는 단계

(vi) 성숙기(Ripe) : 과피 전체가 파란색이 된 단계

(2) 클라이맥터릭형 과실

블루베리를 비클라이맥터릭형 과수라고 하는 일부 보고도 있지만 블루베리 과실은 성숙 과정에 들어가고 나서 호흡량이 상승하는 클라이맥터릭형 과수다.

하이부시 블루베리인 '웨이마우스'와 '저지', 래빗아이 블루베리인 '우다드'와 '티프블루' 각각 두 품종을 이용해 유과기에서 성숙기에 이르기까지의 과실 발육 및 과실의 호흡량과 에틸렌 배출량을 조사했다. 그 결과 과실의 비대곡선은 2중 S곡선을 보였고 과실의 호흡량은 비대주기인 제2기 말 혹은 제3기 초에 일시적으로 증가했다. 이 점에서 블루베리는 클라이맥터릭형 과실이다. 또 에틸렌 배출량의 절정은 호흡의 클라이맥터릭 절정과 같은 시기 또는 약간 빠른 시기로 인정됐다.

바. 성숙에 따른 화학적, 물리적 변화

(1) 안토시아닌

블루베리 과실의 특징은 첫 번째로 과실 이름을 나타내는 파란색을 발현하는 색소, 즉 안토시아닌(Anthocyanis)을 다량으로 함유하고 있다는 점이다. 자연계에서는 16종의 안토시아닌이 나타나지만 안토시아닌은 항상 하나 혹은 다수의 당 분자와 결합해 글리코사이드(Glycoside)를 만들고 대부분의 다른 안토시아니딘 글리코사이드(안토시아닌)를 형성한다.

식물에 가장 일반적으로 존재하고 있는 안토시아닌은 다음의 여섯 종 이다. (i)시아니딘(Cyanidin), (ii)델피니딘(Delphenidin), (iii)말비딘(Malvidin), (iv)페라르고니딘(Pelargondin), (v)피오니딘(Peonidin), (vi)페튜니딘(Petunidin)이다. 이것들에 다른 배당체가 결합해 안토시아닌이 된다.

(2) 블루베리 종류와 안토시아닌

블루베리 과색은 '암청색에서 맑은 청색' 혹은 '자청색에서 자흑색까지'라고 표현되는 것처럼 종류 및 품종에 따라 다르고 다양하다. 이러한 변화는 과피 표면을 덮고 있는 과분과 왁스 물질에 의해 영향을 받는다. 그렇다 하더라도 기본적으로는 안토시아닌의 종류와 함량에 따른다.

발링거(Ballinger, 1970) 등의 조사에 의하면 하이부시 블루베리인 '크로아톤' 과실에는 14종류의 안토시아닌이 함유돼 있다.

과실(생체중)당 안토시아닌 함량은 하이부시 블루베리인 '블루크롭'에서는 0.832(mg.g-1), '코빌'은 0.998, '저지'에서는 1.17이었고, 래빗아이 블루베리인 '티프블루'에서는 2.10이었다.

(3) 과실의 당

하이부시 블루베리 및 래빗아이 블루베리 과실의 주요한 당은 과당과 포도당이고 전체 당의 90% 이상을 차지한다.

표 5-2. 하이부시 블루베리 과실의 성숙에 따른 성분 변화

과실 내 성분	란코카스			저지		
	미숙	적숙	과숙	미숙	적숙	과숙
당도(°Brix)	7.4	8.3	9.0	9.0	11.0	11.0
전당(%)	5.3	8.0	8.2	7.5	10.0	10.3
환원당(%)	5.3	7.0	8.0	7.5	9.8	9.6
구연산(%)	1.96	1.13	0.72	1.52	0.85	0.57
아미노산태질소(%)	8.3	11.6	7.4	9.5	9.9	4.8

주) 玉田孝人. 1998. 農業および園藝 73(5)

과실 생장 기간 중 당 함량의 변화에 대해 조사된 결과에 따르면 전당 함량은 하이부시 및 래빗아이 블루베리 모두 유과기에서 성숙기에 가까워질수록 높아지고 특히 포스트 클라이맥터릭(Post Climacteric) 이후에 급증한다. 또 과피색과 연관해서 보면 착색이 진행될수록 당 함량은 증가한다.

과실 중 당은 일반적으로 종류 및 품종, 재배지의 자연 조건, 각종 재배 관리법에 따라 다르기 때문에 엄밀한 비교에서는 주의가 필요하다. 또 당 함량은 성숙의 정도(착색)에 따라 크게 다른데 전당 및 환원당 함량이 미숙과에서 낮고, 적숙과에서 높아지는 것은 하이부시 및 래빗아이 블루베리 각 품종에서 공통적으로 나타난다.

표 5-3. 래빗아이 블루베리 '우다드' '홈벨', '티프블루' 과실 성분의 품종 간 재배지에 따른 차이

과실 성분	홈벨		우다드		티프블루	
	지바시	기미쓰시	지바시	기미쓰시	지바시	기미쓰시
과립중(g)	1.09	1.23	1.20	1.88	1.22	1.65
수분(%)	89.95	89.29	86.76	88.87	89.18	88.80
전당(%)	9.14	8.65	8.58	7.75	9.18	8.30
환원당(%)	8.87	8.56	8.26	7.75	8.95	7.91
총산(%)	0.50	0.44	0.69	0.69	0.68	0.73
전당/총산	18.28	19.66	12.43	11.23	13.50	11.37
전질소(mg)	8.48	7.39	7.57	6.55	5.85	4.85

주) 玉田孝人. 1998. 農業および園藝 73(3)

표 5-4. 래빗아이 블루베리 세 품종 과실의 성숙에 따른 당 조성의 변화

조성	우다드			홈벨			티프블루		
	녹색과	적색과	완숙과	녹색과	적색과	완숙과	녹색과	적색과	완숙과
프락토스	1.57	2.28	4.18	1.60	3.28	4.85	1.43	2.90	4.48
글루코스	1.12	1.87	3.15	0.97	1.92	3.22	1.03	1.93	3.35
프락토스/글루코스	1.40	1.22	1.33	1.65	1.71	1.51	1.39	1.50	1.34

주) 玉田孝人. 1998. 農業および園藝 73(3)

(4) 유기산

블루베리 과실의 주요 유기산은 구연산, 사과산, 호박산 및 퀴닉산이지만 그 조성은 블루베리 종류에 따라 다르다. 하이부시 및 래빗아이 블루베리를 이용해 유기산을 조사한 결과, 하이부시 블루베리의 품종인 '블루타', '얼리블루', '블루크롭', '엘리자베스', '저지', '엘리어트'에는 구연산 함량이 가장 많았고, 전체의 75%를 차지하고 있었다. 이어 호박산이 약 17%였다.

이에 비해 래빗아이 블루베리 품종인 '클라이맥스', '프리미어', '티프블루', '센트리언', 'NC2140', 'T376', 'NC84-9-1'에서는 호박산이 50%로 가장 많았

고 이어 사과산이 33.5%였다. 하이부시 블루베리 과실에서 가장 많은 구연산은 래빗아이 블루베리에서는 불과 10.4%로 함량이 적었다.

과실 중 산 함량은 과실의 생장 및 성숙 단계에 따라 크게 변화한다. 산 함량은 하이부시 블루베리 및 래빗아이 블루베리 모두 유과기에서 성숙기에 들어갈 때까지 현저하게 증가하지만 포스트 클라이맥터릭을 지나면 급격하게 감소하여, 증가하는 당 함량과는 반대의 경향을 나타낸다.

또 과피색과 연관해서 보면 착색이 진행될수록 산 함량은 감소한다. 이처럼 래빗아이 블루베리 과실의 구연산 함량은 성숙 전에 상승하고, 과실의 성숙에 따라 급격하게 낮아지는 것으로 보고 있다.

(5) 당, 산비

블루베리 과실의 맛(식미)은 크게는 당과 산에 따라 결정되고, 그 비율은 과실이 성숙됐을 때에 유의하게 높아진다. 발링거와 쿠시맨(Ballinger, Kushman, 1970)은 하이부시 블루베리인 '웰코트'를 이용해 성숙 단계별 과실의 pH, 산, 당도, 안토시아닌 함량 및 과실 무게를 측정했다.

표 5-5. 하이부시 블루베리 '웰코드(Wolcott)' 과실의 성숙 단계별 과실 성분

성분 스테이지	pH	전산 (구연산) (%)	가용성 고형물 (%)	가용성 고형물/ 구연산비	전당 (%)	전당/ 구연산비	안토시아닌 (mg/100g)	과실 무게 (g)	1과중의 산 함량 (mg)	1과중의 당 함량 (mg)
1	2.60	4.10	6.83	1.67	1.15	0.28	–	0.31	12.9	4.0
2	2.68	3.88	7.20	1.86	1.70	0.46	–	0.52	20.2	9.4
3	2.74	3.19	8.96	2.83	4.03	1.28	–	0.64	20.2	25.6
4	2.81	2.36	9.88	4.22	5.27	2.28	85	0.74	17.5	38.9
5	2.96	1.95	10.49	5.48	6.20	3.26	173	0.80	15.7	49.7
6	3.04	1.50	10.79	7.30	6.87	4.69	332	0.91	13.7	62.3
7	3.33	0.76	11.72	15.42	8.57	11.18	593	1.18	9.0	101.3
8	3.80	0.50	12.42	24.84	9.87	19.95	1033	1.72	8.6	169.3
1sd (0.05)**	0.14	0.23	0.30	0.38	0.36	0.25	20	0.06	1.5	3.7

주) Ballinger, W. E,.& L. J. Kushman. 1970. Relationship of stage or ripeness to composition and keeping quality of highbush blueberries. J. Amer. Soc. Hort. Sci. 95:239~242.

그 결과 성숙 단계가 진행됨에 따라 구연산 함량은 떨어지고 반대로 가용성 고

형물과 전당 함량은 증가했다. 따라서 가용성 고형물 함량 혹은 전당과 구연산의 비율로 나타낼 수 있는 당산비는 성숙 단계의 진행에 비례해 높아졌다. 특히 성숙 단계 6(과피 전체가 거의 청-적색으로 착색)에서 7(과피 전체가 거의 청색) 혹은 8(완전 청색으로 착색, 성숙과)로 이행하는 단계에서의 변화가 두드러지고 성숙 단계 8의 당산비는 단계 6에 비해 2배 이상이었다.

또 과실 pH와 구연산 함량은 밀접한 관계에 있고, 구연산 함량이 하락하면 반대로 pH가 상승했다. 더욱이 과실에서 보면 성숙 단계의 진행과 더불어 과실 무게는 증가하고 또 당도도 높아졌지만 산 함량은 낮아지고 당산비가 높아졌다.

(6) 과실의 경도(육질의 변화)

블루베리 과실은 사과나 배와 비교하면 상당히 부드럽지만 나무딸기 등 소과류 중에서는 단단한 편이다. 과실의 육질은 일반적으로 세포벽의 두께 및 세포벽을 통한 세포끼리의 결합에 강한 영향을 받는다. 세포벽은 세포끼리의 결합에 크게 관여하고 있는 펩틴, 헤미셀룰로오스 그리고 2차벽에 존재해서 벽의 두께에 가장 관여하고 있는 셀룰로오스로 구성돼 있다. 성분이 어떻게 구성되는가에 따라 과실 육질은 미세하게 변화한다.

〈과실의 경도〉

작은 과실은 단단하고 큰 과일은 부드럽다. 성숙 단계가 진행됨에 따라 변화하는데 녹색과가 가장 단단하며 적색 단계(과피가 거의 적색화)가 되면 두드러지게 부드러워지지만 그 후 연화는 진행되지 않는다. 품종에 따라 경도가 다르며 동일 품종이라도 수확 시기 및 해에 따라 다르다. 수확 시에 과실 표면이 상처를 입거나 충해를 받은 과실은 연화되거나 상하기 쉽다. 온도를 21℃에서 37.8℃로 높이면 과실이 부드러워지고 21℃에서 4.4℃로 내리면 과실의 단단함이 유지된다.

따라서 과실 수확 및 출하 시 과실이 상처를 입지 않도록 신중하게 취급하고 수확 후 과실은 가능한 한 저온 조건에 저장해야 한다.

〈석세포의 발달〉

블루베리 과실은 석세포를 포함하고 자실 주변에서 중과피에 걸쳐 분포한다. 석세포 분포 밀도가 높은 부분은 하이부시 블루베리 품종인 '콜린스'의 경우 과실 과피로부터 460~920μm 범위였다. 또 석세포의 발달은 과피가 IG기(미숙과에서 과피가 녹색의 단계)에서 GP기(그린핑크기 : 과피 전체 중에 녹색이 75%, 핑크색이 25% 정도의 상태)까지 급속하게 진행되고 세포의 크기는 IG기의 약 1.5μm에서 PG기의 11μm 정도까지 비대했다. 그 후의 석세포의 비대는 비교적 완만했다.

일반적으로 석세포가 크고 수가 많은 과실은 맛이 좋지 않지만 개량이 진행된 오늘날의 블루베리에는 맛이 손상될 정도의 석세포가 존재하는 품종은 거의 없는 것으로 알려졌다.

⟨과실의 분리(낙과)⟩
블루베리에서는 과실과 과경(축)과의 분리 방법이 생장단계에 따라 다르다. 대개 미숙과에서는 과실과 과경이 하나가 돼 과방에서 탈락하고, 성숙과에서는 과실만이 과방에서 탈락한다. 과실 및 과병분리에 대해 이층의 형성 발달 등 조직학적으로 보면 과실의 생장(성숙) 단계 중 MG기(성숙 과정에 들어가서 과피가 녹색의 단계)의 중반기까지는 과실과 과경이 함께 착 달라붙어서 탈락하고 그 이후에는 점차 과실만 탈락하는 비율이 높아진다.

과실과 과경의 분리 정도는 품종 특성 중 하나다. 하이부시 블루베리인 '레이트블루'에서는 과경이 성숙과에 착 달라붙어서 수확되는 비율이 다른 품종에 비해 높았다. 이러한 품종에서는 과실 출하 조제 즈음해서 과경을 제거하는 작업이 필요하기 때문에 좋은 특성은 아니다.

02 가지치기

가지치기의 목적

블루베리 나무의 경제적 나이는 30년에서 50년 정도다. 따라서 나무를 심은 후 이루어지는 각종 재배 관리법은 고품질 과실을 여러 해에 걸쳐 계속해 생산하기 위해 매년 영양 생장과 생식 생장을 알맞게 유지하는 것을 목적으로 한다.

블루베리는 관부에서 수 개의 원겉가지가 발생해 고유의 나무 모양을 이루는 관목이다. 따라서 다른 과수처럼 주간형, 변칙주간형, 개심형 같은 나무 모양은 되지 않는다.

나무의 나이가 십수 년 되는 블루베리를 수년간 가지치기하지 않으면 나무는 키가 크고 너비가 넓어지며 가지는 밀생하게 된다. 이렇게 되면 수관 내부에서 과일 수확이 어렵고 재배 관리도 불편하다. 또 길이가 짧은 가지가 밀생하고 꽃눈도 붙어 개화 수는 많아지나 5월 하순 이후의 생리적 낙과가 증가하고 해거리 현상이 생기게 된다. 수확된 과일도 크고 작은 격차가 나오고 품질이 나쁘며 작은 과일의 숙기가 상당히 길어진다.

가지치기는 이 같은 나무가 되지 않도록 하는 것으로 매년 나무 높이와 수관 폭을 조정해 수확하기 편하도록 나무 속까지 몸과 손이 들어갈 수 있게 나무 형태를 만드는 것이다.

과실은 착과 과다가 되지 않게 열매가지와 꽃눈 수를 조절해 수량을 안정시킨다. 또 과실 품질을 향상시키고 가지를 충실하게 키우며 나무 내부까지 햇빛이 잘 들도록 가지 배치를 고려하는 일도 가지치기의 목적이다.

가지치기의 영향

가지치기는 블루베리 종류의 정도, 시기에 따라 정반대의 영향을 보이기도 한다. 동일 시기에 같은 정도의 가지를 다듬어도 나무의 나이와 수세가 다르면 반대의 결과가 나타나기도 하는데 동일 나무에서도 어느 면에서는 촉진시키고 다른 면에서는 억제시키기도 하는 등 복잡한 영향을 미친다.

가. 나무의 생장에 미치는 영향

가지치기를 어떻게 하느냐에 따라 나무의 생장과 새 가지 신장이 다르다. 블루베리의 경우 유목 시기에 약한 가지치기는 장래의 원곁가지가 되는 새 가지의 신장을 촉진시키고 반대로 강한 가지치기는 새 가지 신장을 억제시킨다. 성목에 달한 수세가 왕성한 나무에서는 강한 가지치기에 의해 새 가지 신장이 왕성해지고 나무 모양이 복잡해지며 웃자라게 된다.

나. 결실에 미치는 영향

가지치기에 의해 꽃눈이 제거되기 때문에 보통은 성목에서 결실 수가 감소하고 반대로 과실의 크기가 커진다. 그러나 유목에 대한 강한 가지치기는 오히려 꽃눈 형성에 달하는 시기를 늦추게 된다. 한편 수세가 약한 나무에서의 강한 가지치기는 강한 새 가지가 발생되고 과실이 커지며 수량도 많아진다.

다. 품질에 미치는 영향

대부분의 과수는 비교적 강한 가지치기로 개개의 과실은 커지지만 당 함량은 낮아지고 착색이 나빠져 숙기가 늦어지는 등 과실의 품질에 나쁜 영향을 미친다. 블루베리도 같은 경향을 볼 수 있다.

가지의 명칭과 성질

블루베리 나뭇가지에 대한 호칭은 교목성 과수와 다소 다르다. 블루베리의 가지 치기에 관한 이해를 높이기 위해 가지의 호칭과 성질에 대해 살펴보고자 한다.

○ 크라운(Crown) : 뿌리가 집합돼 있는 위쪽 부분으로 주축지와 연결된다. 뿌리목이라 부르기도 한다.

○ 원곁가지(主軸枝; Cane) : 새 가지(Shoot)에서 유래하며, 결과지를 착생하고 있는 가지나 2~3년 먼저 발생해 이미 개화, 결실해서 그 나무의 주된 축이 돼 있는 가지를 말한다. 교목성 과수에서 원줄기(주간), 원가지(주지), 버금가지(부주지), 곁가지(측지)로 부르는 골격성 가지는 명확한 구분이 가능하나 관목인 블루베리는 몇 개 정도의 주축지가 함께 수관을 형성하므로 이들 모두를 주축지라 부른다.

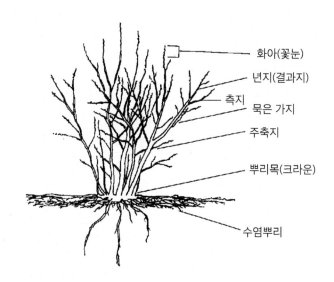

그림 5-3. 휴면기에 본 고관목성 블루베리의 나무 모습과 가지의 종류

주) 玉田孝人. 2004. 블루베리 재배에 도전-서든 하이부시 블루베리의 재배 지침(12). 農業および園藝. 79(2):293-300

○ 묵은 가지(Branch) : 묵은 가지는 주축지의 약간 높거나 중간쯤 되는 위치에서 발생한 2년생 이상 된 가지다. 비교적 굵은 가지와 작은 가지가 모두포함된다. 묵은 가지에서는 꽃눈이 착생하는 새 가지(열매가지)가 발생한다.

○ 새 가지(Shoot) : 새 가지는 그해 생육기 초에 자라 잎을 착생하고 있는 가지다. 잎겨드랑이에 꽃눈을 형성하고 있으므로 휴면기를 지나며 개화, 결실하는 열매가지가 된다. 보통은 새 가지 앞쪽 끝마디들에는 꽃눈이, 그보다 아래쪽 마디들에는 잎눈이 착생한다.

○ 눈(芽; Buds) : 꽃눈과 잎눈으로 구분된다. 꽃눈에서는 여러 개의 꽃이 자라나와 뭉쳐서 나는 꽃차례(총생화서)를 이룬다.

○ 곁가지(측지) : 묵은 가지 또는 새 가지에서 발생해 다음해에 열매를 맺는 가지다.

가지치기 방법

가. 가지치기 대상이 되는 나무

① 겨울에 장해를 받은 가지 ② 병해충 피해를 받은 가지 ③ 땅에 닿을 정도로 처진 가지 ④ 땅이 닿는 곳에서 발생한 짧고 부드러운 가지 ⑤ 수관의 선단부 또는 외부에 극단적으로 밀려나온 가늘고 약한 가지 ⑥ 수관 중심부에 햇빛 투광을 방해하는 가지 ⑦ 필요하면 오래된 원가지나 약한 원가지를 솎아낸다(보통 1~2본). 그러나 강하고 새로운 곁가지를 그대로 두는 경우 땅과 닿는 부분을 솎아내기보다는 기부를 조금 남겨 잘라내는 것이 좋다. ⑧ 나무가 과다 결실되는 경우 다수의 꽃눈이 붙어 있는 작은 가지는 선단을 잘라 꽃눈을 솎아낸다.

솎아낼 때는 제거할 가지를 기부에서 또는 분지부에서 잘라내는 것이 좋다. 잘라낸 부분에 가지가 남으면 그곳에서 바라지 않는 가지가 발생해 수관을 어지럽히거나 병해충의 잠복처가 되기도 한다.

나. 자르는 방법의 강약과 나무의 반응

블루베리는 품종에 따라 수세가 다르고 또 재배 관리에 의해서도 수세가 다르다. 가지치기는 그 수세의 강약에 의해 정도를 조절한다.

예를 들면 래빗아이는 수세가 세기 때문에 새 가지도 잘 나온다. 흡아도 직립적이고 수체는 크고 수관 확대도 잘 돼 나무속이 복잡해진다. 이렇게 크고 혼잡한 가지들은 가지치기의 주제가 된다. 반대로 북부 하이부시는 가지 발생이 적다. 따라서 가지치기를 통해 열매가지를 어떻게 확보할 것인지가 과제다.

일반적으로 약한 가지치기(짧고 적게 자른 경우)는 가지가 복잡해지고, 약하고 가는 가지가 자라 강한 새 가지의 발생이 부족하다. 반대로 강한 가지치기(길고 많이 자르는 경우)는 강한 새 가지가 발생해 영양생장은 왕성해지나 꽃눈 착생은 감소한다. 그리고 중간 정도의 가지치기는 강한 새가지 발생도 있고, 영양생장과 생식생장의 균형을 이루어 좋고 충분한 꽃눈이 착생한다.

이런 점에서 수세가 약한 품종이나 나무는 영양생장을 왕성하게 하기 위해 강한 가지치기를 하고, 큰 과실을 생산하기 위해서는 결실량을 조절할 필요도 있기 때문에 일정한 양의 꽃눈 제거도 필요하다.

수세가 강하고 왕성한 품종 또는 나무에서의 강한 가지치기는 영양생장과 생식생장의 균형을 악화시키기 때문에 약간 약한 가지치기를 하거나 원곁가지를 솎아내는 정도로 끝내야 한다.

다. 가지치는 시기와 순서

가지치기는 휴면기인 11~3월에 한다. 즉 낙엽 후부터 시작해서 초봄 수액이 흐르기 전까지 끝낸다. 나무 속의 탄수화물이 뿌리와 가지로 전류가 끝나는 것이 가을~겨울의 이른 시기이기 때문이다. 이보다 이른 9월 중순에 가지를 치면 개화가 5일 늦어져 결과적으로 늦서리 피해를 보지 않는다는 보고도 있어 늦서리 피해 위험 지역에서는 이 시기에 가지치기가 가능할 듯하다. 겨울에 눈 피해와 짐승 피해를 받는 지역에서는 그 피해를 고려해 가지치기를 싹트기 전에 하는 경우도 있다.

라. 가지치기에 필요한 주의사항

● 가지치기 가위는 날카롭고 청결해야 한다. 가지치기 가위가 날카롭지 않으면 자른 면의 조직이 늦게 재생하거나 병에 감염될 수 있다.
● 가지치기 가위는 소독이 된 것이어야 한다. 락스를 물로 50% 희석해 가지치기 가위를 2~3초 담갔다 꺼내면 효과적이다.

● 병든 가지 부위를 가지치기할 때에는 병든 부위 아래쪽으로 2~3cm 떨어진 곳을 자른다. 병든 부위를 잘랐을 경우 바로 가지치기 가위를 소독해서 써야 한다.
● 병든 가지를 자른 후에는 비닐봉지에 넣어 격리시킨 후 태워서 처리한다.
● 가지치기 후 자른 가지들은 따로 모아 블루베리 밭에서 멀리 떨어진 곳에서 처리하도록 한다.
● 굵은 가지를 자를 때 가지치기 가위 날면을 같은 방향으로 줄기를 밀면서 자르면 힘이 덜 들고, 자른 면도 깨끗하다.
● 가지치기를 하기 전에 나무를 보고 무엇부터 잘라야 할지를 신속히 파악해야 한다.
● 가지치기를 해야 하는 목적이 뚜렷해야 하고 결과를 예측할 수 있어야 한다.
● 유목 시기(재식 후 1~3년)에 꽃눈을 허용하고 수확을 하면 나무가 쉽게 늙는다.

마. 어린나무의 가지치기 : 생육 촉진

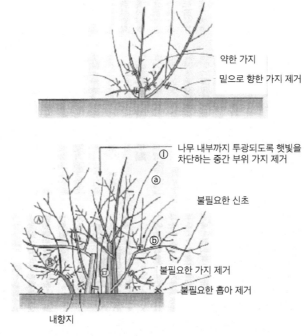

그림 5-4. 어린나무의 가지치기

주) 石川駿二等. ブルベリの作業便利帳. p.69

묘목을 심은 후 2~3년 동안은 가지치기를 하지 않지만, 병든 가지 또는 죽은 가지는 잘라주어야 한다. 가지치기를 하지 않는 이유는 부실한 가지나 줄기를 남겨놓으면 그곳에서 발생하는 잎에서 영양요소가 만들어지는데 이 영양요소가 뿌리와 관목 생장에 도움을 주기 때문이다.

또한 이미 발생했거나, 새로 발생한 꽃눈은 제거해 주어야 한다. 어린 묘목의 꽃눈은 많은 에너지를 빼앗아 신초 및 뿌리 생장에 지장을 주기 때문이다.

아주심기해서 4~5년이 지나면 기부 굵기 1~2cm의 가지가 여러 개 생기고 원가지가 된다. 이 가지들이 나무의 기본적 형태를 구성해 관목 상태를 만든다. 이 시기 나무의 중앙부에서 혼잡한 부분과 강한 흡아는 잘라내어 나무 내부까지 햇빛이 잘 들도록 하며 안쪽으로 뻗은 가지와 아래로 뻗은 가지, 서로 겹치는 가지 등을 제거해 관리가 편하도록 한다.

아주심고 4~5년째인 나무에는 원곁가지가 5~6개 정도 있으면 좋은 상태다.

바. 성목의 가지치기

(1) 원곁가지 다듬기와 솎기

성목에 이르게 되면 최대한 많은 수확을 얻을 수 있으므로, 성목을 계속 유지해 나갈 수 있도록 해야 한다. 이에 필요한 가지치기를 규칙적으로 매년 해주어야 한다. 하이부시 블루베리는 다년생이니 오래 살 수 있지만 가지치기를 비롯한 재배 관리를 잘해주지 못하면 생산력이 떨어지고 나무가 노쇠해 더 이상 보전할 가치가 없게 된다.

가지치기를 잘 해주고 필요한 토양 및 시비 관리를 잘 해주면 50년 이상, 70년까지도 나무를 성실하게 유지할 수 있다.

하이부시 블루베리 줄기는 5~6년쯤 되면 생산 능력이 떨어지는 경향이 있는데 이때 밑에서 잘라주어 새 가지 발생을 유도해야 한다.

성목에서는 원곁가지 다듬기와 오래된 가지의 솎아내기가 중점이 된다. 나무를 구성하는 원곁가지는 좋은 열매가지(길이 15~25cm 이상)가 달린 2년생 가지와 3년생 가지 등으로 열매 맺는 부위를 구성한다. 이런 가지들은 꽃눈 착생이 잘 되며 풍부하고 좋은 품질의 과실을 생산한다. 그러나 이 원곁가지도 해마다 굵어지며, 짧고 약한 열매가지가 부착돼 과실도 작고 크기도 균일하지 않게 된다. 그러므로 이런 원곁가지는 솎아내든지 기부에 있는 어린가지 부근까지 잘라내어 다듬어야 한다. 땅과 맞닿는 곳에서 나와 있는 새 가지 또는 열매가지가 달린 2년생 가지도 다듬는다.

생산력이 떨어지는 줄기는 육안으로 관찰할 수 있는데 이러한 줄기는 결과지와 꽃눈 발생이 부실하다. 수확을 위해 그대로 방치할 경우 나무가 스스로 노쇠화가 되니 주의해야 한다. 성목에 이른 후에는 휴면기 가지치기를 할 때 오래된 줄기를 제거해 주는데 전체 나무에서 줄기를 20% 잘라준다. 이론적으로 5년마다 나무가 새로 만들어진다고 보면 된다.

또 북부 하이부시와 남부 하이부시는 가지 나이 4년, 래빗아이는 6~7년이 지나면 생산성이 떨어지므로 이 이상 오래된 가지와 굵기가 2.5cm 이상 된 가지, 남겨져 있던 4cm 정도의 굵은 가지 등을 우선적으로 가지치기해서 원곁가지를 새롭고 튼튼한 어린가지로 다듬는다. 이렇게 해야 나무의 생산력을 길게 유지할 수 있기 때문에 매년 원곁가지의 20% 정도를 순차적으로 다듬는 것이 이상적이다.

원곁가지의 본 수는 래빗아이의 '우다드'처럼 가지가 곧게 자라기 쉬운 품종에서는 10본 정도, 그것보다 가지가 나오기 힘든 품종은 8본 정도로 하고 북부 하이부시의 경우 강한 것은 8본, 약한 것은 5본 정도가 알맞다.

(2) 열매 맺는 부위도 동일하게 정리

원곁가지를 솎아내고 광선의 투과, 통풍, 작업성 등을 고려해 배치하며 열매 맺는 부위도 마찬가지로 솎아내거나 가지를 친다. 가지치기를 하면 잎에서 만들어진 탄수화물을 새 가지 신장과 꽃눈 형성, 과실 비대에 이용할 수 있다.

(3) 긴 열매가지를 잘라 상품 과실 생산

열매가지 끝을 어느 정도 잘라 꽃눈 수를 1/3~2/3로 줄이면 과실송이 수가 제한되고 알이 고르게 되며 과립 무게도 증가한다. 특히 착생 꽃눈 수가 많은 긴 가지를 자르면 큰 과실이 균일하게 생산된다.

반대로 가늘고 짧은 열매가지에 많은 꽃눈이 붙어 있는 것은 모두 제거하거나 꽃눈이 맺힌 부위만을 잘라 짧게 한다(잎눈은 남긴다). 이런 상태의 가지는 남겨두어도 과실은 작고 열매 수가 많아질 뿐 이점이 없다.

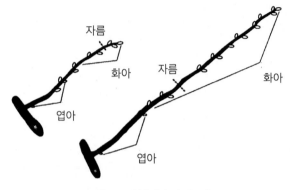

그림 5-5. 열매가지 자르는 법

주) Doehlert, New Jersey Agr. Exp. Sta. (Modern Fruit Science, 1978)

사. 엽과비

사과와 배의 적뢰와 적과는 적정 엽과비에 기초해서 한다. 화분에 심은 '블루크롭' 등에서 조사한 결과 잎눈/꽃눈 비율이 1:1, 2:1, 5:1의 열매가지는 수확 시 엽과비가 각각 0.7~1.3, 1.5~2.0, 3.9~5.5 정도 되며 엽과비가 높은 것일수록 과립 무게가 증가했다.

과립의 가용성 고형물 함량(당도)도 잎눈/꽃눈 비율이 5:1의 결과지에서 높고 산 함량은 낮아졌다. 이것은 한 과실당 동화양분 전류가 많아졌기 때문으로 판단된다.

밀식된 과원 솎아베기(간벌)

심는 간격은 성목이 됐을 때 나무의 크기를 예상해 결정하지만 일반적으로 북부 하이부시는 1.5m×2.5m, 남부 하이부시는 1.5m×2.0m, 래빗아이는 2.5m×3.0m가 많다. 그러나 토양 조건이 좋으면 이보다 넓게, 나쁘면 좁게 심는다. 성목이 됐을 때 나무 간격은 나무 외관이 옆나무와 가지가 맞닿지 않는 간격이다. 가지치기도 이런 점을 염두에 두고 하지만 실제로는 예상보다 나무가 왕성하게 자라가지가 겹치는 일이 자주 있다. 또 나무 간격뿐 아니라 나무 높이도 여러 가지 작업이 불편할 정도로 높아지는 경우도 있다. 이렇게 되면 솎아베기는 물론이고 나무키를 낮추어야 한다. 특히 밀식된 경우에는 시기를 놓치지 않도록 해야 한다.

03 토양 관리, 관수와 시비

토양 표면 관리

가. 청경, 초생, 멀칭재배

블루베리 과원의 표토 관리방법은 청경법, 초생법, 멀칭법으로 나뉘며 멀칭은 다시 비닐멀칭과 유기멀칭으로 구분할 수 있다. 유목기에는 비닐멀칭이 유기멀칭에 비해 양·수분 경합 면에서 유리하지만, 유기멀칭이 토양 물리성과 표토 수분 관리 등에서 더 많은 장점을 가지고 있기 때문에 일반적으로 유기멀칭을 권하고 있다. 한편 멀칭 재료의 구입과 비용, 관리 측면의 어려움 때문에 과거에는 청경법으로 관리하는 과원도 있었다. 그러나 뿌리 분포가 얇은 천근적 특징을 가진 블루베리 과원에서는 단점이 많아 권장하지 않는다.

(1) 청경법

과수원 토양 표면을 갈아주거나 제초제를 이용해 깨끗한 상태로 관리하는 방법으로 잡초 제거와 병해충 발생 감소 그리고 모세관 단절에 의한 토양 건조 완화 등의 효과를 볼 수 있다. 반면에 부식의 소모, 표층부 단근의 악영향, 토양 입단 파괴, 강우에 의한 토양 침식 등 많은 문제점을 야기한다.

경운이나 중경, 제초제 살포에 의해 과수원 전체 표면을 맨땅인 채로 관리하는 청경법은 특별한 예를 제외하고는 블루베리 뿌리의 특성상 권장하지 않는다. 청경법으로 관리해도 나무의 생육이 우수하고 우량한 품질의 과실을 많이 수확할 수 있는 과수원은 한정돼 있다. 미국의 뉴저지나 노스캐롤라이나처럼 알맞은 토양에서 재배되는 대규모 과원에서는 적용해도 좋다. 또한 미국의 플로리다같은 저습 지대에서는 유기멀칭이 과습을 유도해 뿌리썩음병을 많이 발생시키기 때문에 청경법으로 표토를 관리한다.

(2) 초생법

초생법은 잔디를 포함한 일년생 또는 다년생 식물을 이용해 과원 표토를 관리하는 방법으로 교목성 과수재배에서 많이 볼 수 있다. 초생법의 장점은 토양 유기물의 증가, 뿌리 발달에 따른 토양 입단 증가, 토양 침식 방지 등 지력 증진과 지온의 급격한 변화를 억제하는 효과가 있다. 그러나 블루베리와 초생 간의 양·수분 경합과 병해충 발생이 증가하는 단점이 있다. 따라서 초생재배로 표토를 관리한다면 과원에 블루베리와 풀을 같이 재배한다는 생각으로 관수 및 시비량을 늘려줘야 한다. 초생재배에 적당한 초종으로는 들묵새와 오차드그라스, 티머시 등을 들 수 있다.

(3) 유기멀칭법

유기물로 토양 표면을 덮는 멀칭법의 장점으로는 강우에 의한 토양 침식 방지, 토양 수분 유지, 지온의 조절, 유기물 증가에 따른 토양 물리성의 개선과 그에 따른 유용미생물 증가, 양분 공급원 및 잡초 방제 효과 등을 들 수 있다.

일반 과수의 경우 봄에 지온 상승을 억제해 초기 생육을 늦추고 과실 성숙을 지연시키는 결과를 나타낸다. 그러나 블루베리는 표토의 수분 함량을 일정하게 유지하고 지온의 변화를 적게 하기 위해 토양 표면의 멀칭이 필요하다. 이 때문에 유기멀칭과 청경법의 비교가 오래전부터 이루어졌으며, 대부분의 연구 결과에서도 유기멀칭이 수체 생육 및 과실 생산에 유리한 것으로 나타났다.

표 5-6. 표토 관리 방법에 따른 '파이오니아'의 생육 특성

토양관리	건물중(g/주)		
	지상부	지하부	전체 무게
톱밥멀칭	2905.6	1725.2	4630.8
짚멀칭	1952.2	1089.6	3041.8
청경+목초	2224.6	862.6	3087.2
청경	1997.6	771.8	2769.4

주) Shutak, V. G. & E. P. Christopher. 1952. Sawdust mulch for blueberries. Agri. Exper. Sta, Univer of Rhode Island. Kingston. Bulletin 312.

표 5-7. 표토 관리 방법에 따른 '파이오니아'의 과실 수량

토양 관리	L/1,200평			
	1946년	1947년	1948년	1949년
톱밥멀칭	3,528	3,301	3,144	9,458
짚멀칭	1,849	2,294	2,296	5,119
청경+목초	1,634	2,665	2,647	5,623
청경	1,405	1,646	2,113	4,893

주) Shutak, V. G. & E. P. Christopher. 1952. Sawdust mulch for blueberries. Agri. Exper. Sta, Univer of Rhode Island. Kingston. Bulletin 312.

표 5-8. 표토 관리 방법에 따른 '파이오니아'의 과실 크기에 미치는 영향(측정 용기에 채운 과실 수)

토양 관리	평균 과실수(개/용기)		
	7월 18일	7월 26일	8월 17일
톱밥멀칭	143	167	261
짚멀칭	162	187	330
청경+목초	151	164	256
청경	163	185	270

주) Shutak, V. G. & E. P. Christopher. 1952. Sawdust mulch for blueberries. Agri. Exper. Sta, Univer of Rhode Island. Kingston. Bulletin 312.

유기멀칭 재료는 건초, 낙엽, 우드칩, 톱밥 등을 들 수 있다. 그중 톱밥이나 우드칩을 이용한 멀칭 방법이 블루베리 과원에서 가장 선호하는 방법이다. 톱밥과 우드칩은 미리 구입해 열간 사이에 깔아두고 이듬해에 이랑에 올려주면 좋다. 피트모스를 이용하는 일부 농가도 있으나 가격이 비싸고 수분 관리가 어려워 멀칭 재료로는 권장하지 않는다.

최근에는 비닐, 방초망 그리고 보온덮개를 이용해 제초와 토양의 온·습도를 관리하는 방법도 소개되고 있다. 유기멀칭의 두께는 일반적으로 10cm 이상을 유지하는 것이 바람직하며, 이를 위해 매년 약 2.5cm 정도를 보충하면 된다. 유기물 멀칭은 탄질률이 상대적으로 높기 때문에 질소를 50% 정도 더 시용해야 한다.

(4) 절충법

〈유기멀칭과 청경법의 조합〉

수관 아래는 유기물로 멀칭하고 열간(고랑) 사이는 청경법으로 관리하는 방법

이다. 이 방법은 열간 사이를 여러 번 중경하거나 제초제를 살포해 풀이 없는 상태로 유지하기 때문에 청경법의 단점인 토양 유실이 문제가 될 수 있다.

〈유기멀칭과 초생법의 조합〉

수관 아래는 유기물로 멀칭하고 열간 사이는 목초재배를 하는 절충법이다. 이 방법은 목초에 의해 열간의 토양 유실 방지 및 입단구조 유지 등을 꾀할 수 있다. 바람직한 초종은 잡초와의 경쟁에서 이기고, 블루베리 나무와 양·수분 경쟁이 크지 않은 것이 좋다.

미국에서는 벼과 목초인 라이그라스와 블루그라스가 권장된다. 목초 생장기에는 3~5회 제초하는 것이 좋고 시비량은 50% 정도 더 늘려야 한다.

나. 잡초 방제

모든 잡초는 토양 유기물 증가, 뿌리 발달에 따라 근권 토양의 입단화, 토양 침식 방지 등 지력 증진의 장점을 갖고 있다. 그러나 섬유뿌리인 블루베리는 뿌리가 차지하는 부위가 같아 잡초와의 양·수분 경쟁이 문제가 될 수 있다. 또한 잡초가 병해충의 기주와 번식 장소를 제공하며, 방화곤충과의 경합관계를 초래하는 것도 문제다.

유기물을 멀칭해도 잡초 발생을 완전하게 제거하는 것은 어렵다. 재식 후 5년 이내의 유목은 뿌리 신장 범위가 얕기 때문에 제초제는 피하고 나무 주변의 잡초를 인력으로 뽑거나 깊이 10cm 정도까지 가볍게 중경하는 것이 좋다.

재식 5년 차 이후에는 뿌리가 깊게 자랐기 때문에 제초제를 사용해도 무방하지만 농약의 종류와 시기 및 농도를 잘 지켜야 한다. 그러나 가급적 제초제 사용을 피하고 유기멀칭과 절충법을 통해 잡초를 관리하는 것이 좋다.

경반층과 심토 파쇄

오래된 경작지는 빈번한 관수와 반복적 중경 그리고 농기계의 대형화로 인해 표토 1m 내외에 단단하고 두꺼운 띠를 형성하게 되는데, 이를 경반층이라고 한다. 경반층이 형성된 밭은 유효토층이 좁고 불균일하기 때문에 토양 수분 함량의 불균일성(과습과 건조의 공존)과 배수성 악화 그리고 비료의 집적 등 다양한 장해 요인이 나타난다. 따라서 안정적인 뿌리 생육을 위해 유효토층을 확대하고 빠르고 균일한 배수성을 갖도록 경반층을 제거해야 한다.

경반층은 심토파쇄기를 이용해 손쉽게 제거할 수 있으며, 현재 대중화된 방법으로 쟁기형 심토파쇄와 폭기식 심토파쇄가 있다.

블루베리를 심지 않은 상태에서는 쟁기형 심토파쇄기가 유리하지만 블루베리를 재배 중일 때에는 뿌리가 끌리거나 절단될 위험이 적은 폭기식 심토파쇄기가 안전하다. 따라서 개원 전에는 쟁기형 심토파쇄기를 사용하고, 개원 후에는 3~4년에 한 번씩 폭기식 심토파쇄기를 사용하는 것이 좋다.

관수 및 관수 방법

블루베리의 건조 저항성은 매우 낮기 때문에 약간의 수분 스트레스에도 생육 저하와 수량 감소가 크다. 따라서 블루베리는 눈이 깨는 봄부터 낙엽이 지는 가을까지 지속적인 수분 관리가 필요하다. 일반적으로 블루베리가 생장하는 데 요구되는 주간 최소 관수량은 약 25mm(25t/300평) 정도이나 착과에서 수확 때까지 과실을 안정적으로 생산하려면 적어도 40mm 정도의 관수량이 필요하다. 따라서 자연강우만으로는 적절한 수분 공급이 어렵기 때문에 관수시설이 필히 요구된다.

한편 관수량과 횟수는 블루베리의 생육 단계뿐 아니라 병의 확산 정도, 배수 조건(토성의 종류, 유기물 함량, 토양 용수량), 블루베리 근권 환경(내건성, 뿌리의 깊이와 폭)에 따라 다르다. 내건성은 블루베리 종류와 품종에 따라 다르며, 일반적으로 래빗아이 블루베리가 하이부시 블루베리보다 강하다. 또한 같은 품종이라도 뿌리 발달이 충분하지 못한 어린나무는 성목에 비해 내건성이 약하다. 토성별로는 물빠짐이 좋은 사토가 양토나 식양토보다 빨리 건조해지며, 같은 토성이라도 유기물질의 혼합 비율이 높은 토양은 공극이 크고 토양 밀도가 낮아 더 빨리 건조한다.

가. 지각검정

지각검정은 측정 장비를 사용하지 않고 감각을 이용해 토양 수분을 예측하는 방법을 말한다. 토양을 채취해 손으로 짜보는 것인데 만약 흙이 쉽게 부스러진다면 생육하는 데 적절한 수분이 있다고 판단할 수 있고, 단단하다면 관수가 필요하며, 쥐어짜서 물이 나올 정도라면 과습 상태로 판단할 수 있다. 이와 같은 지각검정은 토성에 대한 이해와 충분한 농사 경험이 바탕이 돼야 한다. 반드시 기억해야 할 사항으로 토양 시료 채취는 표토가 아니라 표토 10~20cm 깊이의 근권에서 해야 한다는 것이다.

관수량은 토양 보수력과 근권 크기를 고려해 일일 요구량 대비 사용량의 편차를 추정함으로써 알 수 있다. 일반적으로 작물은 전체 가용수분 함량이 총 유효 용수량의 50% 이하로 떨어지지 않는다면 토양으로부터 쉽게 물을 이용할 수 있지만, 50% 이하로 떨어지면 수분 흡수에 장애를 받는다. 따라서 토양의 유효 용수량은 반드시 50% 이상을 유지해야 한다.

예를 들어 농장의 토양이 양토라고 가정해 관수량을 계산해 보면, 일반적으로 블루베리 뿌리는 대부분 표토 60cm 깊이 안에 있고, 양토의 총 유효 용수량은 0.16cm이기 때문에 전체 근권 보수력은 약 9.8cm로 추정할 수 있다. 블루베리가 잘 생육하기 위해서는 총 용수량의 50%에 해당하는 4.9cm 이상이 유지돼야 한다. 잘 자란 블루베리의 과실최성기 일일 수분 증발량은 0.64cm 이상이기 때문에 유효 용수량이 50% 이하로 감소하는 데 소요되는 기간은 8일 정도로 예상할 수 있다. 만약 이 기간 동안 비가 오지 않는다면 반드시 관수를 해야 한다.

표 5-9. 토성별 총 유효 용수량

토성	총 유효 용수량(cm 수분/soil cm)
사토(Sand)	0.05
사양토(Sandy Loam)	0.11
양토(Loam)	0.16
미사질양토(Silt Loam)	0.18
식양토(Clay Loam)	0.19
미사질식토(Silty Clay)	0.20
식토(Clay)	0.22

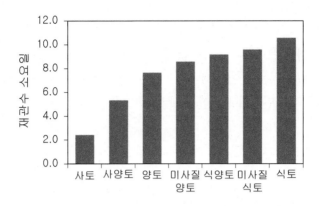

그림 5-6. 토성별 유효수분 함량이 50% 이하로 감소되는 기간

나. 장비를 이용한 방법

위와 같은 방법 외에 계측장비를 이용해 토양 수분 함량을 추정할 수 있다. 일반적으로 사용되고 있는 토양 수분 함량 측정 장비와 장비별 장단점을 기재했다.

표 5-10. 토양 수분 계측장비별 장단점

장비명	장점	단점
텐시오메타	– 가격이 상대적으로 저렴 – 설치가 용이 – 직접 읽을 수 있음 – 지속적인 관찰 가능 – 가장 대중적인 장비	– 자료 수집에 노동집약적 – 정기적인 유지 필요 – 건토에서는 정밀도가 낮음 – 10cm 이상 깊이에서만 가능 – 사토에서는 특별한 형태의 텐시오메타가 필요
짚섬블록	– 상대적으로 저렴 – 설치가 쉬움 – 직접 읽을 수 있음 – 지속적인 관찰 가능 – 유지가 쉬움	– 높은 장력에서는 부정확 – 온도, 염 그리고 높은 질소 함량에 민감 – 석고가 용해돼 내구성이 낮음
TDR	– 지속적 모니터링 – 모든 토양, 모든 깊이에서 가능 – 직접 읽을 수 있음 – 매우 민감	– 가격이 비쌈 – 토성에 따라 보정해야 함

장비를 이용한다는 것은 수치화된 자료를 바탕으로 토양 수분을 관리한다는 의미다. 블루베리에 가장 적합한 토양 수분 함량은 포장용수량 이상의 수준이라고 알려져 있으며, 이를 계측기의 수치로 표현한다면 약 -30kPa 이하의 장력 범위이다. 관개 또는 강우로 많은 물이 가해지면 과잉수의 대부분은 큰 공극을 통해 빠져나가고, 그 후 물의 표면장력에 의한 모세관작용으로 물의 이동이 계속되는데, 이 작용에 의한 이동이 거의 정지됐을 때의 수분을 포장용수량이라 한다. 즉 토양이 중력에 저항하며 저장할 수 있는 최대 수분 함량을 말한다.

국내 연구 결과에 따르면 피트모스가 약 30% 혼합된 토양 조건에서 하이부시 블루베리의 수체 생장과 과실 생산을 위한 최적의 토양 수분은 -4~-8kPa이고, 이를 위한 관수 개시점은 -15kPa 이하로 보고 있다. 또한 블루베리 원산지인 북아메리카 지역에서 블루베리의 적정 토양 수분은 -10kPa 이하이며, -20kPa 이상에서는 수체 생육과 과실 생산이 50% 이하로 떨어진다고 한다. 따라서 안정적인 블루베리 생육을 위해 토양 수분 함량을 -10kPa 이하로 유지할 수 있도록 관리해야 한다.

이와 같이 수치화된 토양 수분 함량을 얻기 위해서는 (표 5-10)과 같은 장비를 이용해야 한다. 계측장비별 주요 특징으로 텐시오메타와 짚섬블록은 토성에 관계없이 수치를 활용할 수 있지만 피트모스 혹은 모래가 많이 혼합될 경우 센서 부분과의 접촉 표면적이 낮아지기 때문에 헝겊 같은 것을 둘러 토양과의 접촉 표면적을 높이도록 해야 한다. 반면에 TDR은 이러한 장애 요인은 없지만 토성에 따라 보정해 주어야 한다는 단점이 있다. 현재 가장 일반적으로 사용되는 계측기는 텐시오메타이다. 주의해야 할 사항은 텐시오메타에 투입하는 물은 증류수를 사용해야 하며, 토양 수분을 감지하는 부분은 근권의 중심부 또는 근권 상부와 하부에 삽입해 근권 전체의 수분 변동을 알 수 있게 설치해야 한다는 것이다. 각 지역의 농업기술센터에서 토양 및 식물체 잎 분석을 의뢰할 때 관련 장비에 대한 조언도 함께 들으면 좋다.

다. 관수 시설

수분 스트레스는 작물 생육에 큰 영향을 준다. 가장 일반적인 수분 스트레스 증상은 잎이 회색에서 분홍색으로 변하며 1년생 측지가 가늘고 약해지는 것이다. 또한 조기 낙엽과 착과량 감소도 발생한다. 관수는 반드시 잎에서 이러한 증상이 나타나기 전에 토양 수분 상태를 주기적으로 점검해 이루어져야 한다. 또한 관수 시 너무 많은 양을 한꺼번에 줄 경우 양·수분의 용탈이 발생하므로 적당량을 알맞게 주어야 한다. 관개용 저수탱크의 용량 역시 중요하다. 1,000m²(300평)의 농장에 1mm를 관수한다면 1t의 물이 필요하다. 물이 가장 많이 요구되는 시기의 주간 관수 요구량이 300평 기준으로 약 40mm 이상이기 때문에 일주일에 약 40t이 필요하며, 하루에 최소 5.7t의 물을 공급할 수 있는 저수탱크가 필요하다. 수량이 충분하다면 지하수를 이용하거나 도랑을 이용하는 방법도 좋다. 물은 다양한 방법으로 공급할 수 있는데, 가장 보편적인 관수 방법은 스프링클러와 점적관수 시설을 이용한 방법이다.

(1) 스프링클러

스프링클러는 관리가 쉽고 가격이 저렴하며, 개화기 서리 피해를 예방하는 데도 유용하게 사용할 수 있는 장점을 가지고 있다. 그러나 경사가 10% 이상 되는 농장이나 물빠짐이 매우 느린 토양에서는 사용하기 부적절하며, 경사진 곳에서 사용하면 토양의 침식과 피각을 형성하는 원인이 되기도 한다. 또한 작물이 없는 곳까지 물이 공급되기 때문에 점적관수와 비교해 더 많은 물을 소모하고 효과도 떨어진다. 가장 치명적인 단점은 가장 중요한 물 소비 시기인 과일성숙기에는 사용할 수 없다는 점이다. 특히 가뭄이 발생한 후 관수로 인해 과실 표면이 젖게 되면 열과가 발생할 수 있다.

반면에 스프링클러에 의한 공중관수는 잎의 온도를 낮추고, 습도를 높여 작물의 증산을 억제하기 때문에 영양생장을 증대하는 데 이용되기도 한다. 스프링클러를 설치할 때는 살포 지점이 50% 정도 겹치게 해야 한다.

(2) 점적관수

점적관수 방법은 스프링클러보다 효과적인 관수 방법이다. 그 이유는 물을 보다 정밀하게 줄 수 있기 때문이다. 또한 증발로 인해 손실되는 양이 적고, 5~40psi 이내의 낮은 압력으로 관수가 가능하며 용량이 작은 모터펌프를 사용할 수 있어 매우 경제적이다. 또한 관수 라인을 통해 액비 사용이 가능한 장점 역시 가지고 있다.

그러나 서리 피해를 예방하는 데는 사용할 수 없고, 낮은 압력을 사용하기 때문에 경사가 심하면 고른 관수가 어렵다. 또한 관수 구멍이 작기 때문에 반드시 200메시 정도 되는 여과장치를 이용해 구멍이 막히는 것을 방지해야 한다. 특히 근권 전체에 고르게 물이 들어갈 수 있도록 관수 라인을 잘 조절해야 한다. 점적관수 라인을 나무 중심부 가까이에 배치하면 뿌리썩음병과 같은 토양 병원성 미생물의 피해를 받을 수 있다. 따라서 세근이 주로 분포하고 있는 곳, 즉 중심부에서 30~60cm 떨어진 곳에 위치해야 한다. 블루베리는 수분이 비대칭 이동을 하지 않기 때문에 같은 식물 내에서도 물이 공급되는 쪽만 생장하고 물이 공급되지 않는 쪽은 말라 죽는다.

가장 이상적인 관수 방법은 점적관수를 주 관수 시설로, 스프링클러를 부수적으로 이용하면 다양하게 활용이 가능하다.

라. 수질 관리

어떤 종류든 관수 시설은 장기적 투자가 필요하며 비용도 만만치 않다. 따라서 현재 소유하고 있는 농장에 적합한 관수 방법과 설계를 위해 전문가나 전문회사에 자문을 구하는 것이 좋다.

수질은 관수시스템의 중요한 요소 중 하나다. 수원의 침전물과 이끼류 등은 노즐과 관수구멍을 막는다. 따라서 30~200메시 필터로 침전물을 제거하고 정기적으로 이끼류가 자라지 않도록 처리해야 한다. 나트륨, 붕소, 칼슘, pH가 높거나 염소 함량이 300ppm 이상이고 염 농도가 0.8dS/m(0.1%) 이상인 물은 블루베리 관수용으로 부적절하다. 높은 염 농도는 블루베리의 줄기와 뿌리 생육을 억제할 뿐만 아니라 과도할 경우 수분 흡수를 방해해 블루베리를 말라 죽게 한다.

관수는 눈이 휴면하는 겨울에도 할 수 있다. 눈이 녹으면 토양 수분 함량이 증가하기 때문에 블루베리가 봄 생장을 하는 데 도움이 된다. 눈은 그 자체로 상당한 단열효과가 있어 혹한으로부터 뿌리와 식물 상단을 보호해 줄 수 있다. 대기온도가 -26℃일 때 눈 표면의 온도는 -18℃이고, 7.6cm 아래는 -9℃ 정도 되며, 15cm 아래는 -2℃ 정도이다.

양분 관리

작물은 일반적으로 토양에서 양분을 흡수해 이용하기 때문에 좋은 생육을 원한다면 반드시 부족한 양분을 토양에 보충해 주어야 한다. 일반적으로 토양 양분은 측면 이동이 어렵기 때문에 한쪽 측면에만 비료를 줬다면 그 부분만 이용이 가능하고 다른 부분은 시비를 하지 않은 것처럼 보인다. 따라서 블루베리 수관 주변을 골고루 시비하거나 적어도 이랑 양쪽에 시비를 해주어야 한다.

잎 끝이나 가장자리가 갈색으로 변하는 것은 비료가 너무 많거나, 시비 위치가 식물 관부와 너무 가깝거나, 비료가 잘 분산되지 않았거나, 건조한 날씨에 시비를 했기 때문에 농도가 높아져서 나타나는 현상이다. 이런 경우 과량의 관수를 통해 비료 성분을 분산시켜야 한다. 블루베리는 다른 작물과 비교해 상대적으로 양분 요구량이 낮기 때문에 적정 수준보다 비료를 많이 주면 생산성이 떨어진다. 따라서 토양 및 식물체 검정을 통해 적정 수준의 시비량을 시용해야 한다.

토양에 양분이 얼마나 남아 있는지 알기 위해선 과수원 토양을 채취해 시·군 농업기술센터에 의뢰해야 하지만 여의치 않을 경우 유료로 분석해 주는 곳도 있으니 여건에 맞게 하면 된다. 수집할 토양은 전체 과수원에서 무작위로 해야 하고, 위치는 관수 라인에서 떨어진 곳의 토양을 채취한다. 문제가 있다고 생각되는 부분은 따로 분리해 채취한다. 시·군 농업기술센터에 의뢰한 토양은 토양 산도, 염류 수준, 유효 인산, 치환성 양이온(칼륨, 칼슘, 마그네슘), 토양유기물 함량 그리고 질산태 및 암모니아태 질소 등을 분석해 준다.

잎 분석은 식물체에 의해 흡수된 양분의 양을 보다 정확히 알 수 있기 때문에 토양 분석과 함께 활용하면 더욱 유용하다. 분석할 잎은 블루베리의 과실을 약 30%쯤 수확했을 때부터 4주 동안 채취할 수 있다. 채취할 잎의 위치는 착과지 끝 4, 5, 6번째 마디에서 가장 어리고 큰 잎을 채취한다. 잎 수는 적어도 10개의 식물체에서 각각 5개 이상의 잎을 채취하며, 재배지 전체에서 무작위로 채취해 대표성을 갖게 한다. 채취한 잎은 흐르는 물에 씻고, 헹군 후 분석을 의뢰하기 전까지 말린다. 이때 주의해야 할 사항은 일부 양분은 조직에서 침출될 수 있기 때문에 물에 담그는 것은 피해야 한다는 것이다.

뚜렷한 양분 결핍 증상은 실제로 성분이 부족해 나타날 수도 있지만 토양 산도, 건조, 해충, 병, 잡초 그리고 토양의 조밀성 등에 의한 결과일 수도 있다. 이들 조건의 대부분은 근계를 약화시킨다. 그 외 다른 문제점으로 높은 토양 산도로 인한 암모니아태 질소의 결핍, 생육 기간의 저온, 약해 그리고 표토의 침식 등을 들 수 있다. 비료를 주기 전 이런 조건이 발생하지 않는다면 실제 양분 결핍에 의한 결과일 가능성이 높다.

농장에서 가장 흔히 발견할 수 있는 결핍 증상은 대부분 질소, 마그네슘과 철이며 가끔은 붕소와 칼륨의 결핍도 발견할 수 있다. 치환성 양이온 즉 마그네슘과 칼슘 그리고 칼륨은 그 구성비가 중요하다. 블루베리의 경우 마그네슘과 칼슘의 비율은 1:10, 칼륨과 칼슘의 비율은 1:5가 가장 좋다.

가. 주요 비료 성분들의 특징

(1) 질소

과수원에서 가장 빈번하게 나타나는 질소의 결핍이 발생하면 잎 표면 전체가 노랗게 되거나 균일하게 얇은 녹색을 띠며, 붉게 물들다가 죽는다. 질소의 결핍 정도가 크지 않을 경우 잎은 붉게 물들다가 가을에 일찍 떨어진다. 질소는 오래된 조직에서 젊은 조직으로 이동하기 때문에 결핍 증상은 오래된 잎에서 먼저 나타난다. 어린 줄기는 분홍색에서 엷은 녹색이 되며, 나무 전체의 생장이 멈춘다.

질소 요구량은 지질학적 위치, 토양 종류, 식물체의 나이와 생산량 그리고 토양 관리 상태에 따라 조금씩 차이가 난다. 유기멀칭은 검은 비닐 등과 같은 타 멀칭보다 좀 더 많은 질소를 요구한다. 일반적으로 토양에서 재배되고 있는 6년생 이상의 성숙한 블루베리의 질소 추천량은 $1,000m^2$(300평)당 매년 4.5kg(성분량)이다.

과도한 시비는 블루베리의 생산량을 감소시키고 숙기를 늦출 뿐만 아니라 식물 생장을 억제하며, 동해 피해를 증대시킨다. 때문에 시비량은 재배 지역의 조건에 따라 블루베리의 육안 관찰을 통해 알맞게 조절해야 한다.

질소비료의 형태 역시 블루베리 생장에 매우 중요하다. 질산태 질소는 점진적으로 토양 pH를 올리기 때문에 단일 질소원으로서 질산태 질소를 사용하면 블루베리의 생장이 빈약해지고 질소와 철 결핍 증상을 보일 수 있다. 암모늄 형태의 질소비료는 질산화 과정에 의해 부분적으로 토양 pH를 낮게 해주기 때문에 블루베리의 생육을 증대시키고 결핍 증상을 완화해 준다. 따라서 블루베리 과수원은 유안(황산암모늄)이나 요소와 같은 비료를 주로 이용한다. 토양 산도 4.8 이하에서는 요소를 권장하며, 5.2 이상에서는 유안을 시용하는 것이 좋다. 질소비료는 시비 후 2주 이내에 잎에 축적되며, 3주 정도 되면 최고 농도에 도달한다. 블루베리에서 질소비료의 이용률은 약 32% 정도며, 토양 잔류량은 15% 미만이라고 알려져 있다. 따라서 한 번에 많은 양을 시용하는 것보다 여러 번 나누어 주는 것이 바람직하다.

일반적으로 엽면시비는 그 효율성이 토양시비보다 떨어지지만, 질소결핍 증상이 발생했을 때 신속하게 대처할 수 있는 시비법이다. $1,000m^2$ 기준으로 0.5~0.6%(성분량)의 요소를 엽면시비하면 결핍 증상을 회복시키는 데 매우 유용하다.

표 5-11. 질소비료 종류별 성분량

비종	질소 성분량(%)
유안	21
요소	46
코코넛박	3
목화종자박	6.4
땅콩박	7.3
아마씨박	4.9
유채박	5.2
홍화박	7.9
참깨박	6.2
네마장황	3
혈분	13
콩가루	6
어분	9
알파파분	2.5
조분	15
칠레초석	16

(2) 인산

인산의 결핍 증상은 잎이 분홍색을 띠거나 활력이 없는 것이다. 토양 중 인산 함량이 낮으면 성분량으로 3.4kg/10a을 시용함으로써 해소할 수 있다.

표 5-12. 인산비료 종류별 성분량

비종	인산 성분량(%)
과린산석회	17
용과린	20
골분	15
인광석	30
어분	6

(3) 칼륨

칼륨 결핍이 발생하면 잎의 가장자리가 붉게 변한 후 괴저현상을 보인다. 괴저반점은 오래된 잎에서 나타나며 맥간괴저는 어린 생장조직에서 주로 나타난다. 토양에 칼륨이 부족할 경우 4.5kg/10a을 시용하면 생산량을 증대시킬 수 있다.

표 5-13. 칼륨비료 종류별 성분량

비종	칼륨 성분량(%)
황산칼리고토	22
나무재	5
알파파분	2
황산칼리	50

(4) 마그네슘

마그네슘이 결핍되면 잎의 주맥만 녹색으로 남고 가장자리에 백화현상이 일어난다. 백화현상은 적색으로 진척되다 결국 괴저현상으로 발전한다. 이 현상은 오래된 잎에서 나타나며, 주로 블루베리의 과실이 성숙하는 동안에 발생한다. 토양의 칼륨 함량이 높으면 마그네슘 결핍 현상을 완화시켜 준다. 2~3년에 한 번씩 토양에 황산마그네슘이나 황산칼륨-고토를 300평당 22.4kg/10a을 시용하면 이와 같은 결핍 증상을 크게 줄일 수 있다. 결핍이 계속 문제가 될 경우 2%의 산화마그네슘을 추가해 시용하면 해소할 수 있다.

(5) 붕소

블루베리 과원에서 붕소 결핍은 상당히 자주 발생하며, 증상은 매우 빨리 나타나는 편이다. 처음에는 줄기 끝이 푸르스름하다가 상위 잎에서 백화반점이 나타나고 결국 잎이 보기 흉한 상태가 된다. 붕소 결핍 시 엽면시비를 권장하고 있으며, 물 100L에 붕사 0.36kg 혹은 솔루보 0.2kg을 녹여 엽면시비 하면 해결할 수 있다.

(6) 철

철 결핍 식물은 엽맥 간 백화현상을 나타낸다. 처음 증상이 나타나는 부위는 어린 잎이며 완전한 노란색 혹은 적갈색으로 변한다. 바닥에 있는 잎은 생육이 정지되며, 새로 자라는 줄기는 노란 레몬색으로 변한다. 철 결핍이 의심스러울 땐 맨 먼저 토양 산도를 조사해야 한다. 토양 산도가 4.5인 조건에서는 블루베리 뿌리의 철 함량이 줄기보다 100배 정도 높다고 한다. 철 결핍이 발생할 경우 토양을 포함해 2.2kg/10a의 철킬레이트 혹은 황산철(황 함유량 34%) 2.2kg을 시용한다. 높은 토양 산도에서 철킬레이트를 과도하게 사용하면 작물 생장이 억제되기 때문에 토양 산도 교정이 먼저다.

표 5-14. 블루베리 엽중 적정 무기성분 함량

성분	범위
질소(N)	1.80~2.10%
인산(P)	0.12~0.40%
칼륨(K)	0.35~0.65%
칼슘(Ca)	0.40~0.80%
마그네슘(Mg)	0.12~0.25%
황(S)	0.13~0.20%
망간(Mn)	50~350ppm
철(Fe)	60~200ppm
아연(Zn)	8~30ppm
구리(Cu)	5~20ppm
붕소(B)	30~70ppm

표 5-15. 엽면살포제와 살포 농도

비료 성분	엽면살포제	살포 농도
질소	요소	생육 기간 : 0.5%
인산	인산1칼슘(CaH_2PO_4), 인산1칼륨(KH_2PO_4)	0.5~1%
칼륨	인산1칼륨, 황산칼륨	0.5~1%
칼슘	염화칼슘	0.4%
마그네슘	황산마그네슘	2%
붕소	붕사($Na_2B_4O \cdot 7H_2O$), 붕산(붕산:H_3BO_3)	0.2~0.3%
철	황산철	0.1~0.3%
아연	황산아연	0.25~0.4%

주) 질소는 농약과 혼용해도 무방. 약해 방지를 위해 인산과 칼륨은 그 1/2 양의 생석회와 혼용. 마그네슘은 요소와
　　혼용 가능. 붕소는 요소 또는 농약과 혼용 가능.

나. 토양 분석을 통한 시비량

(1) 토양 분석 시기 및 방법

시비 관리에 따른 토양 양분상태의 적정성을 평가하기 위한 방법으로 토양 분석을 실시한다. 생장이 끝난 가을(9~10월) 온도가 높고 마른 상태일 때 토양을 채취한다. 관수 라인에서 떨어진 곳, 수관 하부 뿌리가 많이 분포하는 층을 중심으로 표층의 흙을 잘 긁어내고 아래와 같은 기준으로 과원 내 5~10개소에서 실시하면 된다.

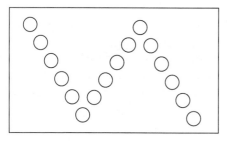

평지

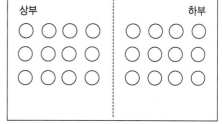

경사지

그림 5-7. 토양 시료의 채취지점

주) 1) 깊이 : 20~40cm, 더 깊을 경우 30~60cm
　　2) 매년 같은 부위에서 일정하게 채취하여 연차별 양분 변화도를 파악해야 함

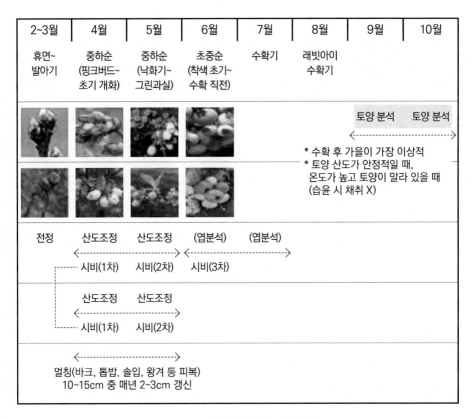

2~3월	4월	5월	6월	7월	8월	9월	10월
휴면~ 발아기	중하순 (핑크버드~ 초기 개화)	중하순 (낙화기~ 그린과실)	초중순 (착색 초기~ 수확 직전)	수확기	래빗아이 수확기		

토양 분석　　　토양 분석
←--------------------------------------→
* 수확 후 가을이 가장 이상적
* 토양 산도가 안정적일 때,
　온도가 높고 토양이 말라 있을 때
　(습윤 시 채취 X)

전정　　산도조정　　산도조정　　(엽분석)　　(엽분석)
　　　←--------------------------→ ←------------------→
┄┄┄ 시비(1차)　　시비(2차)　　시비(3차)

　　　　산도조정　　산도조정
　　　←--------------------------→
┄┄┄ 시비(1차)　　시비(2차)

←--------------------------→
멀칭(바크, 톱밥, 솔잎, 왕겨 등 피복)
10~15cm 중 매년 2~3cm 갱신

그림 5-8. 토양 분석 시기와 시비 시기

(2) 토양 시료 준비 및 검정 요청

채취한 흙을 바람이 잘 통하는 그늘진 곳에서 말린 후 비닐 또는 종이봉투(라면 한 봉지 양)에 담아 분석기관에 의뢰한다. 특히 양이온치환용량(CEC), 붕소 등은 의뢰기관에 따라 기본 분석항목으로 포함되지 않으므로 별도로 요청하여 분석한다.

(3) 적정 토양 양분 기준

블루베리의 적정한 토양 양분 기준(미국 오리건주와 오하이오주 등)은 아래 표와 같다.

표 5-16. 블루베리 적정 토양 양분 기준

| 구분 | pH (1:5) | 유기물 (g/kg) | 유효인산 (mg/kg) | 치환성 양이온(cmol/kg) | | | 양이온 치환용량 (CEC) | 붕소 (mg/kg) | 망간 (mg/kg) | EC |
				칼륨	칼슘	마그네슘				
적정 범위	4 ~ 5.2	40 이상	25 ~ 40	0.26 ~ 0.38	5	0.5	18 ~ 20	0.5~1	20~60	2
검정 결과	∞	∞	∞	∞	∞	∞	∞	∞	∞	∞

주) 양이온치환용량, 붕소, 망간은 토양 검정 의뢰 시 별도 요청 필요

(4) 토양 검정결과를 바탕으로 한 시비량 산정 방법

본인 과원의 토양 검정결과가 나오면 다음의 시비량 산정 예제를 참고하여 시비량을 결정하고 시비 시기에 맞게 양분 관리를 시행하여야 한다.

○ 블루베리 시비량에 대한 국내 연구 부족 및 장기간의 소요시간을 감안하여 외국 연구 자료를 토대로 시비량 산정기준을 제시한 바, 현장여건 및 재배 조건에 맞게 참고로 활용해야 한다.

○ 시비량 산정은 양이온치환용량(CEC)을 기준으로 시비 항목별로 계산하여 적정한 양분 관리가 이루어지도록 추진한다.

토양 검정에 따른 블루베리 시비량 산정 방법 예제

가. 성목원 기준 토양 검정 결과와 추천 시비량 산정(예제)

결과 총괄

구분	토양 산도	유기물	유효 인산	칼륨 (A)	칼슘 (B)	마그네슘 (C)	양이온 치환 용량 (D)	염기 포화도 (A+B+C)/ D	붕소
단위	pH(1:5)	g/kg	mg/ kg	cmol/kg	cmol/ kg	cmol/ kg	CEC	%	mg/kg
적정 범위	4.0 ~ 5.2	40 이상	25 ~ 40	0.26 ~ 0.38	5	0.5	18 ~ 20	30 ~ 32	0.5 ~ 1
검정 결과	5.7	37	879	0.6	4.9	3	26	32	0.7
추천 시비량 (kg/10a)	178 ~ 256	예제 참조	0	염화칼륨 22~26 황산칼륨 28~33	석회 고토 33	황산 마그네슘 25	–	–	2~3년 마다 2~3

주) 1) 양이온치환용량, 붕소는 토양 검정 의뢰 시 요청 필요
　　2) 염기포화도는 농장주가 직접 계산

나. CEC를 기준으로 항목별 시비량 산정 방법

(1) 토양 산도

CEC를 기준으로 pH 4.5를 교정목표로 한다.

○ 시비량 : CEC 26을 표에서 유사한 25 수준으로 대입하고 토양 검정 pH 5.7을 (pH 5.5~6 사이) pH 4.5로 낮추기 위해서는 유황 178~256kg/10a을 시비한다(300주/10a 기준 주당 0.6~0.9kg 수준).

CEC별 토양 검정 pH에 따른 유황 살포 기준

토양 검정 pH	양이온치환용량(CEC)						
	1	5	10	15	20	25	35+
5	10	20	40	60	74	88	125
5.5	20	40	80	116	148	178	248
6	30	60	115	170	214	256	360
6.5	38	74	150	335	280	336	470

- 살포 시기 : 유황을 가을과 봄에 살포(2회 살포)
  - 개화기 등 생육기에는 살포 지양

- 효과 발생 : 3~8개월(사양토 기준)
  - 가을 살포 : 9~10월 → 0.2~0.5 pH 감소
  - 봄 살포 : 3~4월 → 1~1.5 pH 감소
  - 토양 온도가 12℃ 이상일 때 효과 우수

- 토양 pH는 수시검정 필요
  - 봄철 토양 온도가 올라가기 전후 점검 및 교정

(2) 유기물

일반적으로 톱밥, 왕겨, 나무껍질 등 두께 15cm(13톤 내외/10a) 피복된 상태에서 부족 진단 또는 부숙이 많이 진행된 경우, 2.5~3톤/10a 투입(2~3cm 갱신)하고 시비조정은 질소질 비료로 충당한다.

- 요소(46%) : pH가 5 이하인 경우 사용
- 유안(21%) : pH가 5 이상인 경우 사용

○ 시비량 : 현재 토양이 pH 5.7인 점을 고려하여 유안을 선택하고 블루베리 성목(8년생) 기준 15~19kg/10a을 시비량으로 산정한다. 유안을 기준으로 질소 성분량에 4.7배를 곱하여 최종 71~90kg/10a을 2~3회 분시한다.

블루베리 재식 연차별 우리나라 및 미국의 질소 시비 추천량

재식연수	우리나라(질소 시비량 kg/10a)	미국(질소 시비량 kg/10a)
1	2	5.6
2	3	6.6
3	5	7.5
4	8	8.5
5	9	11
6	10	14
7	13	16
8	15	19

주) 2~3회 분시 : 4월 중하순, 5월 중하순, 6월 상중순

(3) 유효인산

CEC와 목표수량을 기준으로 시비량을 결정한다.

- 용성인비(20%) : 구용성(물에 녹지 않음)
- 용과린(17%) : 구용성+수용성

○ 시비량 : 토양 유효 인산 검정결과 879mg/kg은 CEC 25 기준 137을 상회하고 있어 매우 과다한 상황이다. 목표로 하는 10a당 수량 750~1,000kg을 기준으로 매우 과다 시 용성인비 또는 용과린을 시비하지 않는다.

CEC별 토양 인산 함량에 따른 과부족 판단 기준

CEC	5	10	15	20	25	30
부족	30	27	25	23.5	22	21.5
약간 부족	60	54.5	51	47.5	44.5	41.5
적정	90	84.5	79.5	76.5	74	72
과다	120	114.5	108	105.5	103.5	102.5
매우 과다	170	158	147	141	137	135

목표수량과 토양 인산 과부족 판단에 따른 인산 시비량 기준

목표수량(kg/10a) / 유효인산 판단	250	500	750	1,000
부족	16	18	18.4	19
약간 부족	8.3	9.9	10.3	10.9
적정	0.6	1.1	1.7	2.2
과다	0	0	0	0
매우 과다	0	0	0	0

주) 수량 : 블루베리 성목의 표준수량인 800~1,000kg/10a을 기준으로 시비량 산정

(4) 칼륨

CEC와 목표수량을 기준으로 시비량을 결정한다.

- 염화칼륨(60%) : 중성, 수용성
- 황산칼륨(50%) : 산성, 수용성

○ 시비량 : 토양 검정 칼륨은 0.6cmol/kg으로 적정범위인 0.26~0.38을 상회하고 있어 과다한 상황이나 CEC 25 기준으로 볼 때, 적정보다는 낮은 상황으로 약간 부족한 것으로 판단하고 블루베리 성목(8년생) 기준 14.2~16.6kg/10a을 시비기준으로 산정한다. 따라서 염화칼륨(1.6배) 22~26kg/10a, 황산칼륨(2배) 28~33kg/10a을 시비한다.

CEC별 토양 칼륨 함량에 따른 과부족 판단 기준

CEC	5	10	15	20	25	30
부족	0.12	0.15	0.19	0.21	0.23	0.26
약간 부족	0.23	0.31	0.38	0.43	0.49	0.51
적정	0.35	0.49	0.59	0.68	0.73	0.79
과다	0.51	0.7	0.88	0.99	1.1	1.19
매우 과다	0.51	0.7	0.88	0.99	1.11	1.23

목표수량과 토양 칼륨 과부족 판단에 따른 칼륨 시비량 기준

목표수량(kg/10a) 칼륨 판단	250	500	750	1,000
부족	12.3	14.6	17	19.4
약간 부족	9.6	11.9	14.2	16.6
적정	2.4	4.8	7.1	9.6
과다	0	0	0	0
매우 과다	0	0	0	0

주) 수량 : 블루베리 성목의 표준수량인 800~1,000kg/10a을 기준으로 시비량 산정

(5) 칼슘

CEC를 기준으로 석회고토를 시비한다.

- 석회고토(50%) : 칼슘 50%, 고토 10~30%

○ 시비량 : 토양 검정 칼슘은 4.9cmol/kg으로 적정범위인 5와 비슷한 수준이
나 CEC 25 기준 6.3보다는 낮은 수준으로 부족한 상황이다. 따라서 시비량
은 CEC 25 기준 부족 시 16.6kg/10a을 시비량으로 산정하고 석회고토(2배)
33kg/10a을 시비한다.

CEC별 토양 칼슘 함량에 따른 과부족 판단 기준

CEC	5	10	15	20	25	30
부족	1	2.5	3.8	5	6.3	7.5
약간 부족	2	5	7.5	10	12.5	15
적정	4	7	10.5	14	17.5	21.3
과다	4.5	9	13.5	18	22.5	22.5
매우 과다	4.5	9	13.5	18	22.5	22.5

부족 및 약간 부족 판단별 칼슘 시비량 기준

칼슘 판단 \ CEC	5	10	15	20	25	30
부족	7.8	10	12.2	14.5	16.6	18.9
약간 부족	3.9	5.5	7.2	8.9	10.5	12.2

(6) 마그네슘

칼륨/마그네슘 비율에 따라 시비량을 결정한다.

- 황산마그네슘(13%)

○ 시비량 : 토양 검정 마그네슘은 3cmol/kg으로 적정범위인 0.5를 상회하나 CEC 25 기준 적정범위인 4.5보다는 낮고 약간 부족 1.58보다는 높은 수치이다. 따라서 약간 부족 상황으로 판단하고 K/Mg 비율(토양 검정결과 K 0.6cmol/kg, Mg 3cmol/kg=0.2)에 따라 마그네슘 시비량을 3.3kg/10a로 산정한다. 황산마그네슘(7.7배)은 25kg/10a을 시비한다.

CEC별 토양 마그네슘 함량에 따른 과부족 판단 기준

CEC	5	10	15	20	25	30
부족	0.38	0.5	0.63	0.68	0.75	0.84
약간 부족	0.75	1	1.25	1.42	1.58	1.68
적정	1.13	2	3	3.8	4.5	5.1
과다	1.67	2.5	3.75	4.8	5.75	6.6
매우 과다	1.67	2.5	3.75	4.8	5.75	6.6

K/Mg 비율에 따른 마그네슘 시비량 기준

마그네슘 판단 / K/Mg 비율	0~1.5	1.5 이상
부족	6.6	8.8
약간 부족	3.3	4.4
적정	0	2.2
과다	0	2.2
매우 과다	0	0

주) 1) K/Mg 비율 : 0.6÷3=0.2
   2) 마그네슘은 타 비종에 포함된 시비로 가능하므로 선택적으로 시비 여부 결정 가능

(7) 붕소

2~3년마다 붕사 비료를 2~3kg/10a을 시용한다.

과실 품질과 수확, 수확 후 관리

01 수확 후 생리

원예산물의 수확 후 품질은 생산물의 특성, 수확 후 관리 기술 활용정도 및 사회·문화적인 요구 수준 등 3개 요소에 따라 달라진다.

이들 요소 중 생산물의 특성에 해당하는 호흡, 증산, 에틸렌 반응, 성숙과 숙성, 성분 변화 등 품질 변화와 관련된 생명 현상을 다루는 것이 수확 후 생리 분야다. 수확 후 발생하는 손실을 최소화하고 좋은 품질을 장기간 유지해 소비시장의 확대를 꾀하기 위해서는 수확 후 발생하는 생리 현상의 특성과 원리에 대한 이해가 필수적이다. 생산물의 물질 변화와 노화 현상 등과 같은 생명 현상은 수확 후 관리 기술을 최적화하기 위한 이론적 바탕이 된다.

성숙과 숙성

식물체에서 미숙한 과실이 수확 가능한 상태로 변해 가는 과정을 일반적으로 성숙 과정이라 하며 식물체 혹은 수확 후 소비자가 먹기에 가장 적합한 상태로 익어가는 과정을 숙성이라 한다. 성숙과 숙성과정에서는 품질과 관련된 다양한 성분 변화가 함께 일어나며 숙성 상태를 지나면 노화라고 불리는 품질 저하 과정으로 들어선다.

성숙과 숙성 과정에서는 호흡이 급격하게 증가하는 호흡급등형(Climacteric Type) 과실이 있는가 하면, 호흡의 변화가 없는 비급등형(Non-climacteric) 과실이 있다. 급등형 과실에는 사과, 배, 복숭아, 참다래, 바나나, 아보카도 등이 있으며 비급등형 과실에는 포도, 감귤, 오렌지, 레몬 등이 있다. 블루베리도 호흡 급등형 작물에 속한다고 알려져 있으며 숙성이 진행되는 동안 이산화탄소 농도가 급격히 증가하고 이산화탄소 농도의 증가와 함께 에틸렌 발생도 증가한다. 품종에 따라 다르지만 블루베리의 호흡량은 0℃에서 2~10mL/kg (hr), 4~5℃에서 9~12mL/kg (hr), 10℃에서 23~35mL/kg (hr), 20℃에서 52~87mL/kg (hr), 25℃에서 78~124 mL/kg (hr)이며 에틸렌 발생량은 하이부시의 경우 0.5~2mL/kg (hr), 래빗아이의 경우 10mL/kg (hr)정도다.

표 6-1. 숙성 기간 중의 호흡 양상에 따른 원예작물의 분류

Climacteric Fruit : 호흡급등형 과일	Non-climacteric Fruit : 호흡비급등형 과일
사과, 배, 감, 복숭아, 살구, 멜론, 참다래, 수박, 무화과, 바나나, 토마토, 파파야, 망고, 아보카도, 블루베리	가지, 오렌지, 고추, 오이, 딸기, 포도, 밀감, 양앵두, 올리브, 레몬, 파인애플

수확 후 대사작용과 품질 변화

대부분의 신선 과실은 다른 농산물에 비해 조직이 연하고 수분 함량이 높아 수확 후 출하 준비 및 유통 과정에서 여러 가지 장해를 쉽게 받기 때문에 취급하는 데 각별한 주의를 필요로 한다. 또한 살아 있는 유기체로서 물질대사와 생리작용을 계속하기 때문에 수확 후에도 품질이 지속적으로 변화한다. 수확 후 과실이 품질 변화에 직접 영향을 주는 중요한 생리 현상으로는 호흡, 증산, 에틸렌 등이 있다.

가. 호흡

살아 있는 생명체로서 수확 후 과실은 호흡작용을 지속한다. 호흡이란 과실 내 축적된 탄수화물 등의 저장 양분(기질)이 산화(분해)되는 과정으로 이러한 산화 과정에서는 산소가 소모되고 이산화탄소가 발생된다. 한편 다른 물질의 합성에 필요한 재료물질의 생성과 아울러 최종적으로 686kcal의 에너지가 생성된다. 생성된 에너지의 일부는 과실의 생명 유지를 위한 대사작용으로 소모되나 수확한 과실의 경우, 대부분의 에너지인 673kcal가 호흡열로 체외 방출된다.

$$C_6H_{12}O_6 + 6O_2 \rightarrow 6CO_2 + 6H_2O + E(\text{에너지} : 686\text{kcal})$$

(포도당) + 산소 → 이산화탄소 + 에너지 (대사에너지 + 열)

그림 6-1. 호흡 공식

호흡량이 많을수록 과실에 축적돼 있던 당이 분해되면서 대사작용이 빠르게 진행돼 품질이 급격히 변화한다.

과실의 호흡량은 온도와 밀접한 관련이 있어 1~30℃의 범위에서 온도를 10℃ 낮출 때마다 호흡은 대략 절반씩 감소하며 온도 이외에 주위의 산소, 이산화탄소, 에틸렌 등의 요인에 의해서도 식물의 호흡은 영향을 받는다.

나. 증산

식물체 내에 존재하는 수분이 체외로 빠져나가는 것을 증산작용(Transpiration)이라 한다. 증산작용은 수분이 많은 작물의 중량을 감소시키며, 조직에 변화를 일으켜 신선도를 떨어뜨리고 시들게 하면서 외양에 지대한 영향을 미친다. 수확 후 관리를 소홀히 했을 때 문제될 수 있는 중량의 감소는 호흡 소모로부터 야기되는 것보다 증산작용 때문인 경우가 많다. 증산은 표피에 존재하는 기공이나 과점(Lenticel) 그리고 상처나 표피 및 자체의 왁스층을 통해 일어난다. 따라서 작물 전체 부피에 비해 외부에 노출된 표면적이 크면 증산할 수 있는 면적도 커서 손실이 심하게 일어난다. 예를 들면 많은 잎으로 구성돼 표면적이 큰 엽채류는 단순 과피로 둘러싸여 있는 과채류에 비해 증산작용이 월등히 심하다. 따라서 증산 속도는 전체 부피에 대한 표면적의 비와 그 표면적의 노출 정도에 따라 좌우된다고 할 수 있다. 일반적으로 과실은 85~95%가 수분으로 이루어져 있는데 이 중 수분이 5% 정도 소실되면 상품가치를 잃는다. 사과의 경우 9% 정도의 중량 감소가 일어나면 외관상 표피가 쭈그러드는 위조현상이 관찰된다. 사과의 저장 과정에서 9% 이상의 수분 손실이 일어난다는 것은 과실이 손상을 입었거나 저장고 환경이 지나치게 건조하게 유지되는 등 문제점이 있음을 의미한다. 증산작용에 영향을 미치는 요인으로는 습도, 온도, 공기의 유속 등을 들 수 있다. 증산작용은 건조하고 온도가 높을수록 그리고 공기의 움직임이 많을수록 촉진되며 과실의 표피조직이 상처를 입었거나 절단된 경우에 그 부위를 통해 수분 손실이 많아진다.

다. 에틸렌 대사

에틸렌은 기체 형태로 생성되는 식물 호르몬의 하나다. 과실을 비롯해 모든 식물 조직은 에틸렌 가스를 생성하는 능력을 지니고 있으며 에틸렌은 많은 식물대사에 관여한다. 에틸렌은 특히 과실에서 다량 생성되며 과실의 숙성을 유도 또는 촉진시키는 대사작용을 주도하기 때문에 숙성 호르몬(Ripening Hormone) 또는 노화 호르몬으로 불린다. 원예 생산물은 종류에 따라 에틸렌에 대한 반응성이 다르지만 대체로 모든 과실은 에틸렌이 있을 경우 급격하게 익어가기 시작해 과실의 맛과 향이 좋아지고 과육이 물러진다. 채소의 경우에는 주로 잎의 황화현상 및 탈리를 일으킨다. 과실의 발육 과정에서 에틸렌의 생성량 변화는 호흡의 변화 양상과 일치한다. 비교적 호흡량이 낮은 비급등형 과실은 에틸렌 생성량 또한 낮으며 특히 급등형 과실에서 호흡의 급격한 증가는 에틸렌 생성의 급격한 증가와 동시 또는 그 이후에 나타난다. 따라서 에틸렌은 과실의 연화를 비롯해 숙성과 관련된 여러 가지 생리적 변화를 유발한다. 에틸렌 발생은 과실의 종류 및 품종에 따라 매우 다양하다. 호흡의 경우와 마찬가지로 작물의 에틸렌 발생량과 저장성에는 밀접한 관계가 있어서 일반적으로 에틸렌 발생량이 높은 작물 또는 품종은 저장성이 낮은 경향이 있으며 조생종 품종은 만생종 품종에 비해 에틸렌 발생량이 비교적 많고 저장성도 낮다.

대부분의 과실은 상처 또는 병해충의 피해를 입거나 부적절한 환경적 조건으로 인해 스트레스를 받을 경우 스트레스 에틸렌의 발생이 증가하며 이러한 과실은 주위의 건전한 과실에 불리한 영향을 미칠 수 있으므로 저장 시 상처과, 병해충과, 과숙과를 선별 제거해야 한다. 원예산물의 생리적인 면을 고려할 때 장기간 저장을 위해서는 단일 품종, 단일 과종만 저장하는 것이 효과적이다.

블루베리는 수확, 저장 및 유통 과정에서 물리적 손상을 받기 쉽고 손상 부위를 통한 부패균 감염 등 품질 저하가 심하므로 외국에서는 주로 IQF(개별 급속 냉동 시스템)를 이용해 냉동 상태로 저장 및 유통을 한다. 우리나라의 냉동 블루베리는 IQF가 아닌 -15~-30℃ 냉동저장고에 입고해 얼리는 방식으로, 서서히 얼어가는 과정에서 블루베리 세포 내부에 얼음 결정이 생겨 세포가 파괴되며 이후 해동 시 급격한 품질 변화가 일어난다. 따라서 냉동 블루베리를 유통할 때 개별 급속 냉동 시스템의 도입을 고려해 볼 만하다.

02 수확 후 과실 품질에 영향을 주는 재배 기술

과수의 생장과 연간 발육 주기에 맞추어 실시하는 각종 재배법의 목적은 품질이 우수한 과실 생산에 있다. 즉 하나하나의 재배 기술은 최종적으로 소비자가 요구하는 맛있는 블루베리 생산과 밀접한 관계에 있다고 할 수 있다. 수확 후 과실 품질에 직접적으로 영향을 주는 주요 재배 기술은 다음과 같다.

품종 선정

블루베리 과실의 보존성 및 판매처의 곰팡이 발생 정도는 과병흔과 가장 밀접한 관계가 있다. 일반적으로 크고 습한 과병흔을 가진 품종은 작고 건조한 과병흔을 가진 품종보다 상하기 쉽다. 따라서 과병흔에 대한 품종 특성을 충분히 유의하고 나서 품종을 선정해야 한다. 또 저장성 및 수송성에 밀접하게 관계하는 과피 강도가 중요하다. 그러므로 기계 수확하는 지역에서는 품종 과피가 단단해야 한다.

가지치기

한 나무의 가지 종류와 가지 수, 착생 화방 수를 제한하는 알맞은 선정을 통해 블루베리 과실이 커지며 성숙기가 빨라지고 고르게 돼 수확이 쉬워진다. 더욱이 수관 내부까지 햇빛이 들어가고 통풍이 좋아야 병해충 발생도 적어진다.

병해충 방제

일본이나 우리나라처럼 재배 규모가 적은 지역에서는 병해충 방제 가능 시기와 대상 병해충에 맞추어 방제가 잘 이루어지나 대규모로 재배하는 미국 등지에서는 품질이 우수한 과실 생산을 위해 적기에 방제를 하는 작업 관리가 중요하다.

시비

블루베리는 질소 시비 영향이 크고, 고농도 비료 시용에 의해 새로운 가지가 왕성하게 자라나 과실 성숙이 늦어지고 품질이 떨어지므로 적당한 시비가 요망된다.

꽃가루받이(受粉)

수분(꽃가루받이)이 잘 되고, 안 되고는 과실 품질에 큰 영향을 주므로 방화곤충 밀도가 낮아지지 않도록 개화 기간 중 과원 내에 꿀벌통을 설치하고 관리해야 한다.

수확기의 비(강우)

수확기의 강우는 과실 품질에 직접적으로 영향을 주는데, 강우에 의한 과병흔으로 인해 병 발생이 많아지고 과육이 부드러워져 상처를 입기 쉬우며 수확도 어려워진다.

03 수확 적기와 수확 지표

과실 성숙과 가장 밀접한 관계에 있는 요소가 수확 적기 및 수확 지표다. 대부분의 과수에서는 이들 지표로 과피색과 종자색, 과실의 크기, 경도, 가공용 고형물 함량, 산도, 당산비, 과실의 착색 강도, 에틸렌 함량, 만개 후 일수 등을 들수 있다. 이들 지표 중에 비교적 용이한 것을 블루베리 과실에 적용시켰다.

과피색

블루베리는 과실 성숙과 과피 착색 정도(안토시아닌 색소의 발현), 과실의 당함량 및 산 함량, 경도가 밀접하게 관계하고 있다. 그렇기 때문에 과실의 착색 정도를 통해 수확 적기를 판단하면 거의 정확하다. 수확 적기는 과피 전체가 푸른색이 되고 나서 4~7일 후 즈음이다.

경도(단단함)

블루베리의 경도는 성숙(착색)에 따라 낮아지고 부드러워진다. 대개 손가락 끝의 감촉에서 과실의 부드러운 정도를 평가해 수확한다. 경도는 품종에 따라 다르고, 작은 과실은 큰 과실보다 단단하다.

가용성 고형물 함량

가용성 고형물 함량(총 당 함량)은 블루베리 과실의 맛을 결정하는 가장 큰 요소다. 과피의 착색이 진행됨에 따라 가용성 고형물 함량은 높아지지만 수확 후에는 잎의 광합성 산물이 없어져 가용성 고형물 축적이 멈춘다. 블루베리를 구성하는 주요 당은 포도당(Glucose)과 과당(Fructose)으로 전체 당의 90%를 차지한다. 자당(Sucrose)도 일부 포함돼 있어 전체 당 구성 중 1.6~14.6%를 차지한다. 당도는 품종별로 다르지만 보통 9.5~14.2°Brix 범위다.

산 함량과 당산비

주요 유기산은 구연산, 사과산, 퀴닉산, 클로로제닉산, 인산, 옥살산 순으로 높게 포함돼 있다. 품종에 따라 유기산의 함량은 다르나 구연산의 경우 대체로 과실 1g당 7~10mg, 사과산은 0.2~1.0mg 범위이며, 적정 산도는 약 0.8~1.1%로 나타난다. 성숙 과정 중에 당도는 포도당과 과당 함량 증가로 높아지고 산도는 구연산의 감소로 낮아져 전체 당산비는 증가한다. 당산비는 블루베리의 과실 품질을 결정짓는 중요한 요소 중 하나며, 그 비율은 과실이 성숙했을 때 높아진다.

과실의 착생 강도

과실을 따기 위해 드는 힘, 즉 과실의 착생 강도는 품종에 따라 다르지만 동일 품종에서는 과실 성숙이 진행됨에 따라 약해진다. 미숙과의 착생 강도는 강해 힘을 약하게 주면 과실과 과경을 분리하기 어려우나 성숙과에서는 손끝으로 건드려 들어올릴 정도의 약한 힘만으로도 쉽게 떨어진다.

만개 후의 일수

품종 특성인 성숙기의 빠름과 늦음은 산지에 관계없이 거의 일정하기 때문에 만개로부터 일정한 일수가 지난 후 수확일을 판정할 수 있다. 그러나 엄밀하게는 수령, 자람새, 그 해의 온도 조건, 토양의 건조 정도 등에 의해 변화하기 때문에 수확일까지의 일수가 비교적 짧은 과수에서는 만개 후의 일수가 신뢰할 수 있는 기준이 되지 못한다.

04 수확 방법

블루베리는 모종을 심은 후 3년째 결실하고 6~8년 후에는 다 자란 성목이 된다. 성목은 손으로 과실 수확을 했을 때, 하이부시 블루베리는 한 그루당 4~6kg 전후, 면적으로는 10a당 약 800~1,000kg 정도가 되고 래빗아이 블루베리는 1.5배 정도다.

한 품종 및 한 그루의 수확 기간은 대략 3주에서 4주간 계속된다. 이것은 동일 품종이라도 나무에 따라, 한 나무에서도 가지당 과방에 따라 그리고 한 과방에서도 과실에 따라 성숙기가 다르기 때문이다. 이 때문에 보통 약 4~7일 간격으로 수확할 것을 권장하고 있다.

과실 수확 방법에는 손 수확과 기계 수확 두 가지가 있다. 블루베리 과실은 부드럽고 쉽게 상하기 때문에 신중하게 다루어야 하므로 미국같이 대규모 과원에서도 생식용 과실은 손 수확으로, 각종 제품의 가공용 과실은 기계 수확이 일반적이다. 그러나 소규모인 우리나라 블루베리 과원에서는 대부분 손으로 수확한다.

손 수확

블루베리 재배에서 가장 일손을 필요로 하는 것이 수확 단계다. 특히 손 수확은 많은 과실이 달려 있는 과병을 하나씩 과피색을 확인하면서 따기 때문에 상당히 힘든 작업이다. 수확 적기는 착색 정도와 과실의 착생 강도가 첫 번째 지표가 된다. 일반적으로 과축에 붙어 있는 부위까지 안전하게 푸른색으로 착색하고 나서 4~7일 후에 수확하는 것이 좋다.

블루베리 과실 표면의 과분에 손 흔적을 남기지 않기 위해 부드러운 장갑을 끼고 과실을 약간 비틀면서 딴다. 과방을 당겨서 비틀어 따거나 과병을 직접 잡아당겨 따는 것은 좋지 않다. 이는 과병흔에 흠집이 생기고 수확 후 과실 품질이 급속하게 불량해지기 때문이다.

따낸 과실은 깊이 10cm 정도 되는 바닥이 얕은 용기에 조심스럽게 담는다. 성인의 경우 1일 수확량은 비숙련인 30kg, 숙련된 사람은 80kg 정도 된다.

손 수확의 경우 과피가 착색돼 있으면 수확할 때 주의가 필요하다. 미숙과는 성숙과에 비해 당도, 풍미 등 품질이 떨어져 소비자로부터 외면받기 쉽기 때문이다.

기계 수확

기계 수확은 대규모 과원에서 적용하며, 기계로 수확한 대부분의 과실은 가공용으로 사용된다. 일반적으로는 2회 정도 손 수확을 해 생과용으로 판매한 후, 남은 과실을 기계 수확해 가공용으로 사용한다. 로우부시 블루베리는 대부분 기계 수확한다.

05 수확 후 과실 다루기

블루베리 과실은 과피가 부드러운 것이 특징으로 손상을 입기 쉬워 다루기 어렵다. 더욱이 수확기가 장마기와 겹치는 일본이나 우리나라에서는 상품성이 떨어지기 쉽고, 무더운 여름철의 고온다습 조건에서 수확해 출하되어야 한다. 그 때문에 소비자가 선호하는 생과 판매를 위해서는 과실의 품질 유지를 위한 수확 후의 취급 방법이 상당히 중요하다.

과실의 온도 낮추기(예냉)

일반적으로 과실의 손상이나 물러짐은 고온에서 진행되고, 저온 조건에서는 억제된다. 따라서 수확한 과실은 수확 당시의 열을 내리기 위해 가능한 한 신속하게 신선한 장소에 두는 것이 바람직하다. 과실이 온도가 높은 장소에 1시간 정도 있을 경우 저장 기간이 거의 하루가 단축된다고 한다. 이것은 블루베리 과실에도 적용돼 수확할 때 고온을 피해 바깥기온이 비교적 낮은 아침 일찍부터 오전 중에 수확하고, 수확한 과일은 직사광선을 피해 시원한 곳에 두어 예냉해야 한다.

과실 고르기(선과)

블루베리 가격을 유리하게 이끌 목적으로 과실 고르기(선과), 즉 등급화를 한다.

블루베리의 선과는 기계 수확이 주류를 이루는 미국에서 특히 발달했는데, 규모가 큰 과원에서는 독자적인 선과장을 설치한다. 기계 수확인 경우에는 잎과 가지 그리고 여러 형태의 과실이 섞여 있어 선과가 반드시 필요한데, 미국 대부분의 경우 선과장에서의 주된 작업공정은 ①전처리(물세척 및 불순물 제거) ②등급 선별 ③포장 등이다.

그러나 우리나라와 같이 재배 규모가 적어 손 수확을 하는 경우에는 선과장을 꼭 설치할 필요는 없다. 수확할 때 과실의 크기와 착색 정도를 고루 잘 갖추고 과경이 붙지 않게 하면서 미숙과, 과숙과를 구별하고 잎과 작은 가지가 들어가지 않게 하여 직접 출하 용기에 넣는 방법을 이용하면 된다.

블루베리 과실의 선과 기준은 다음과 같다.
① 과실 pH : 3.25~4.25 범위에 있는 것
② 전산(구연산) : 0.3~1.3%
③ 가용성 고형물(당) : 10% 이하는 바람직하지 않음
④ 가용성 고형물과 산의 비율 : 10~33 (품종에 따라 다름)
⑤ 과실 경도 : 1초에 170~180회 진동하는 선과기에서 견딜 수 있는 것
⑥ 과실의 크기 : 과실의 직경이 10mm 이상 되는 것(품종에 따라 다름)
⑦ 과피색 : 미숙과 및 과숙과가 아니고 0.5% 이상의 안토시아닌 색소를 함유한 것(1주일 이상 파란 과실은 그 범위에 있다)

가격 형성을 유리하게 할 목적으로 하는 선과는 과실의 이용 방법 및 수확 방법에 따라 필요성과 정도가 다르다. 일본, 우리나라는 물론 대규모로 재배되고 있는 미국에서도 생식용 및 생과 판매용 과실은 손으로 수확하고 있다. 그러나 각종 가공품 원료가 되는 과실은 소규모 과원을 제외하고 대부분이 기계 수확을 한다.

손으로 수확할 경우 수확 속도는 느리나 성숙과만을 직접 출하 용기에 넣어 선별·포장 작업을 한 번에 하여 판매할 수 있다. 그러나 손 수확은 오랜 기간의 경험 및 숙련을 필요로 하고, 수확작업에 상당히 많은 시간이 필요하다. 그 때문에 비교적 재배 기간이 오래된 일본에서도 재배 경험이 많은 생산자가 작은 면적에서 재배하는 경우가 많다.

일본 산지의 경우를 보면 과실 수확은 기온이 비교적 낮은 오전에 잎과 과축 장해과가 포함되지 않도록 신중하게 다루어 일정량이 모아지면 선과장으로 운반한다. 이곳에서 더 넓은 용기에 다시 옮겨담아 과실 온도를 내리고 미숙과, 과숙과, 장해과 등을 제거한 뒤 성숙과만을 용기에 넣어 출하한다.

06 저장 기술

블루베리는 과피가 부드러워 보존성이 떨어지고 유통 특성이 뛰어나지 못한 과수다. 더욱이 우리나라와 일본 등은 장마 시기부터 가장 기온이 높은 시기에 걸쳐 수확되기 때문에 품질 유지가 상당히 어렵다. 따라서 수확 후 품질을 유지하기 위해서는 블루베리에 적합한 처리와 저장이 필요하다.

부패 및 곰팡이 방제 처리

만약 블루베리가 부패 위험이 있는 고습 조건에 있어야 할 경우 75~125ppm 염소 처리로 부패를 방지할 수 있으나 이 방법은 오염원에 감염되기 전 예방책으로 좋으며 이미 감염된 과일에는 부패 억제 효과가 없다. 그 이유는 과피 속으로 이미 들어가버린 부패균은 죽일 수 없기 때문이다. 또한 Captafol과 2-aminobutane은 효과적으로 부패를 줄일 수 있으나 과피에 잔류물이 남는 문제가 있다. Sodium Hypochlorite 용액(시판 락스 희석액) 또한 효과적이지만 거의 모든 과분까지 함께 제거돼 상품성을 떨어뜨린다. 따라서 블루베리의 상품성을 유지하면서 안전한 부패 억제 방법이 필요한 실정이다. 참고로 포도 유통에 상용화돼 있는 유황 패드를 포장상자 내에 삽입하는 방법이나 이산화염소 훈증으로 부패균을 억제하는 방법을 고려할 만하다.

염화칼슘 처리

덜 익은 블루베리와 잘 익은 블루베리는 물탱크에서 부력의 차이를 이용해 선별할 수 있다. 이때 선별 과정에서 물탱크에 염화칼슘을 첨가하면 블루베리의 경도를 높일 수 있고 모양도 더욱 온전하게 보존할 수 있다. 처리 방법은 2℃, 0~4%의 염화칼슘 수용액에 블루베리를 일정 시간 침지하는 것이다. 이때 염화칼슘의 농도가 높으면 블루베리가 물리적 손상을 견딜 수 있는 저항력이 증가하지만 2~4% 농도에 담가둔 블루베리는 짠맛이 날 수 있으므로 1% 농도가 적당하며, 침지 시간(0.5, 2, 4분)은 블루베리 품질에 영향을 주지 않는 것으로 보고됐다.

1-MCP 처리

하이부시 블루베리 두 품종 '버링턴'과 '코빌'을 20℃에서 24시간 동안 0, 25, 100, 400nL L^{-1} 농도로 1-MCP 처리한 후 10~15 kPa O_2, 10 kPa CO_2의 CA 저장 조건에서 온도를 -1~1℃로 하여 4, 8, 12주간 저장 후 20℃에서 20일간 저장수명을 확인한 결과 1-MCP 처리에 의한 효과가 관찰되지 않았다는 보고가 있다. 향후 다양한 품종에 대한 1-MCP 처리 효과를 검증할 필요가 있다.

예냉

수확한 블루베리는 가능한 한 빨리 저온 조건에 두어야 저온저장과 CA저장 과실의 품질 저하를 현저하게 억제할 수 있다. 22~29℃인 블루베리 과원에서 손으로 수확한 하이부시 블루베리 '블루타' 및 '블루크롭'을 2℃ 예냉한 경우에는 10℃에서 예냉하지 않은 경우보다 과실 부패가 적고 보존이 현저하게 길어졌다.

표 6-2. 예냉(2℃에서 24시간) 및 예냉(10℃) 후 21℃에 둔 블루베리 과실의 부패율(%)

| 처리 | 10℃까지의 시간 | 10℃에서 3일간 저장 | | 10℃에서 3일간 저장 후 21℃에 보존유지 | | | |
| | | | | 24시간 | | 48시간 | |
		1976년	1977년	1976년	1977년	1976년	1977년
무예냉	24	2.0a	3.3a	6.8b	9.2c	24.9c	26.2d
무예냉	48	3.8b	4.7b	15.0c	17.8c	32.0d	32.9c
예냉	24	1.9a	2.7a	2.6a	2.6a	13.6b	15.9b
예냉	48	1.5a	3.0a	2.9a	2.9a	15.4b	21.9c
예냉	–	0.9a	1.8a	1.8a	2.5a	2.5a	7.4a

주) 1) Hudson, D.E. & W. H. Tietjen. 1981. Effects of cooling rate on shelf-life and decay of highbush blueber-ries. HortScience 16(5) : 656-657.
2) 처리 기간 중 2℃에 저장

저온 저장

저장 조건 중에 온도는 과실의 호흡 속도에 현저하게 영향을 주기 때문에 과실의 품질 특성, 보존성, 수송성, 저장성이 크게 좌우된다. 따라서 과실 온도를 가능한 한 신속하게 목표로 하는 온도까지 떨어뜨리는 것이 바람직하다. 만약 냉각 저장 시작이 너무 늦으면 과실은 급속하게 질적 저하를 가져오고 원래 가지고 있던 저장성을 완전히 상실한다.

가장 급속하게 냉각하는 방법에는 냉수냉각과 진공냉각법 등 몇 가지가 있는데, 블루베리 과실에는 차압통풍 냉각법을 추천한다. 이 방법은 과실을 냉장고에 쌓아두고 선반의 한쪽에서 다른 쪽으로 압력을 가해 공기를 순환시키기 때문에 단시간에 과실 온도를 떨어뜨릴 수 있다. 이 방법으로 4,000kg의 과실 온도를 대략 2시간에 27℃에서 4.4℃까지 떨어뜨릴 수 있다.

일반적으로 저장 온도는 동결되지 않는 범위이면 저온일수록 과실 품질이 유지된다. 블루베리의 저장 온도는 -0.6~0℃ 사이고, 상대습도는 90~95% 범위, 계산 저장 기간은 14일간이다.

블루베리 과실의 방출 열량은 상온(20~21℃)에서 비교했을 때 사과와 배보다 높고, 복숭아 및 딸기와 비슷했다. 또 과실의 보존성은 약 1℃까지 온도를 내렸을 때 10℃로 온도를 내린 과실보다 3~4배 높아지며, 22℃에서는 2~4일 만에 부패하기 시작한다.

CA저장

저온 조건에서 공기 조성을 인공적으로 조절하는 시설에 저장하는 CA저장은 과실의 호흡작용을 억제해 저장력을 연장시키려는 목적으로 많은 종류의 과실에서 이용되고 있다. 과실 품질을 보존하기 위한 바람직한 가스 조성은 과실의 종류에 따라 다르지만 보통 공기보다 산소 농도가 낮고, 이산화탄소 농도가 높다.

블루베리의 CA저장에 대한 반응은 하이부시와 래빗아이 블루베리 간에도 차이가 있다. 재배 품종에 따라 다르나 블루베리 과실 품질은 통상의 공기 조성보다도 이산화탄소 농도가 높고 산소 농도가 낮은 상태에서 유지된다. 그리고 일정 기간 저장해 상온(21℃)으로 다시 높아진 일수가 짧을수록 품질 변화가 적다. 특히 온도의 영향이 커 0~2℃까지의 저온 조건에서 과실 품질이 가장 좋게 유지된다.

래빗아이 블루베리의 '클라이맥스'와 '우다드'를 CA저장을 했을 때 기계 수확 과실의 수분감소율, 단단함, 부패율 및 당 함량이 손 수확보다 떨어진다.

MA저장

과실을 필름으로 포장하여 내용물의 호흡으로 공기 조성이 변화되어 일종의 CA저장 효과를 가져오는 MA저장 연구는 비교적 최근에 추진되고 있다. 하이부시 블루베리인 '블루레이'와 '저지'를 이용해 가스 조성과 온도와의 조합을 과실의 호흡량으로 측정한 결과 산소 호흡량 저하와 이산화탄소 배출량 증가는 저온처리 5℃의 경우 가장 늦게 진행되고, 반대로 온도를 높인 25℃에서는 가장 빨리 진행됐다.

07 저장 및 유통

과피가 얇고 수분 보유력이 낮은 블루베리는 수분을 잃어 시들기 쉽다. 저장 시 최적 온도에서 상대습도를 90~95% 정도로 유지하면 수분 손실을 최소화할 수 있고 저온민감도는 높지 않아 저온 장해는 없는 것으로 알려져 있다. CA저장 시 산소 농도가 2% 미만이 되거나 이산화탄소 농도가 25% 이상이 될 경우 불쾌한 냄새가 나거나 변색이 될 수 있다. 유통이나 포장 시 물리적 손상으로 인한 멍이 생기면 저장 기간이 감소될 수 있으므로 주의해야 한다.

저장 온도 및 습도

블루베리 저장 시 최적 온도는 -0.5~0℃이고, 최적 상대습도는 90% 이상이다. 이러한 조건에서 로우부시와 하이부시는 2주 동안, 래빗아이는 4주 동안 저장할 수 있다. 블루베리는 저온 장해에 강해 얼지 않을 정도의 저온에 보관하면 생과 상태로 장기간 저장 가능하며, 온도와 습도 조건과 더불어 다양한 수확 후 관리 기술을 복합적으로 처리하면 저장 기간을 더욱 연장할 수 있을 것이다.

블루베리는 저장하는 온도에 따라 무게 손실, 경도 등이 달라진다. 보통 온도가 높아질수록 호흡 또는 수분 손실 등으로 인한 무게 손실이 크고 경도 또한 감소한다. 따라서 저장 시 과일이 얼지 않을 정도의 온도, 즉 -0.5~0℃로 냉장고의 온도를 유지하는 것이 좋다. 수확 후 저장고 입고 시간이 늦어져 21시간 이상 지연될 경우는 열과 및 경도의 급격한 감소가 일어나므로 반드시 5℃ 이하 저온저장이 필요하다.

국내산 블루베리 '듀크'와 '블루크랍'의 저장 온도에 따른 호흡 특성 및 품질 변화를 조사한 결과 저장 가능일은 0℃ 저장 시 16~24일, 5℃ 저장 시 8일, 25℃ 저장 시 2~3일로 나타났다. 저장 기간을 결정짓는 품질 요인은 부패율과 중량 감소율인데, 특히 부패로 인해 저장 수명이 결정되는 특징을 보였다.

온도별 저장 시 블루베리의 호흡량과 에틸렌 발생량은 온도가 높을수록 높아 시듦이나 증산에 영향을 미쳐 품질이 저하하며, 저장 말기에는 부패균의 침입으로 호흡과 에틸렌 발생량이 급격히 증가한다.

표 6-3. 국내산 블루베리의 저장 온도에 따른 저장 가능일

품질 기준	품종	저장 한계 기간(일)		
		0℃ 저장	5℃ 저장	25℃ 저장
중량 감소 7% 이내	듀크	22	14	3
	블루크랍	32	18	2
부패율 20% 이내	듀크	24	8	3
	블루크랍	16	8	3

저장고 환경

재배 시 토양에서의 병원균 오염, 수확 및 선별 시 표피의 열과나 압상, 저장고 내 부유균은 블루베리의 부패를 촉진한다.

과일 표면에 기계적 상처가 있을 경우 병원균의 침입이 쉬워져 병리장해를 입을 수 있다. 상처가 있는 곳에 물기가 맺혀 있을 경우에는 더욱 가능성이 높아진다. 수확 후 블루베리에 병해를 일으키는 대표적인 병원균은 회색곰팡이를 만드는 *Botryris cinerea*와 만부병 또는 탄저병을 일으키는 *Colletotrichum gloesosporiodes*이다. 10℃ 이상에서 저장하게 되면 부패병을 일으키는 *Rhizopus stolonifer*가 과일 상자 안에서 자랄 수도 있다.

이 중 회색곰팡이병이 블루베리의 가장 대표적인 병인데, 과일이 연약하고 물기가 많아 부패된 곳에 감염되면 회백색의 균사가 과피에서 자란다. 회색곰팡이는 온도

가 낮고 습도는 높은 날, 특히 비 오는 날 수확할 때 더 문제가 된다. 고습 상태에서 수확한 블루베리를 저온저장고로 옮겨 저장할 때 부패율이 확실히 높게 나타난다. 회색곰팡이 감염 방지를 위해서는 꽃이 피는 시기에 살균제를 뿌려주어야 한다.

만부병 또는 식물탄저병은 우기에 수확할 때 발생할 가능성이 높고, 이에 대한 저항성은 품종에 따라 다르다. 감염 증상은 블루베리가 익어서 파랗게 변할 때 보이는데, 과일의 끝부분이 물렁해지고 주름지는 현상이 나타난다. 또한 살구빛 또는 오렌지빛의 점들이 식물 전체에 생겨난다. 이들 감염균은 회색곰팡이 방지를 위한 살균 시 함께 예방하면 된다.

*Rhizopus*에 감염되면 과일의 과즙이 새어나오기 시작하고 하얀 균사체가 자라며 포자 덩어리들이 처음엔 하얗게 모이다가 나중에는 검게 변한다. 과일 표면에 틈이 있거나 표면이 물로 젖어 있으면 감염되기 쉽다. 고습 등 저장 환경으로 인한 병원균들의 감염뿐 아니라 블루베리 자체의 당도도 부패에 영향을 주는데 당도가 높을수록 부패 가능성은 높아진다.

부패병은 수확 후 예냉을 하지 않았을 때 일어나기 쉬운 병으로, 약 6℃ 이하에서는 이 병원균들이 잘 자라지 않는다. 병원균으로부터 블루베리를 지키고 저장 기간을 늘리는 간단하고 경제적인 방법은 이산화염소 발생 봉지를 저장고에 넣는 것이다. 이산화염소의 적정량은 18mg/L, 0.13 mg/g으로 이것을 작은 봉지에 담아 넣어둔다. 건조한 상태로 화학 봉지 안에 들어 있던 이산화염소가 기체 형태로 방출돼 *Listeria monocytogenes*, *Salmonella spp.*, *Escherichia coli* 그리고 블루베리의 품질을 떨어뜨리는 여러 종류의 이스트와 곰팡이들의 활성을 떨어뜨린다.

유통 및 포장

블루베리는 다른 산물에 비해 저장능력이 떨어지기 때문에 근거리 유통을 하는 것이 바람직하다. 유통 시에는 냉장 시설을 갖춘 탑차를 이용해야 한다. 트럭 내부 냉장고의 온도는 1~2℃이하로 유지하고 블루베리를 담는 용기는 통풍과 환기가 잘되는 나무 재질의 상자가 좋다.

우리나라는 블루베리 택배 직거래 시 밀폐된 스티로폼 상자에 블루베리를 넣고 얼음팩을 얹어 유통시키는 경우가 많은데, 이때 수확 직후 품온이 높은 상태에서 얼음팩이 얹어지고 밀폐되면 블루베리의 높은 품온과 차가운 얼음팩의 온도차로 인해 결로 현상이 발생하고 부패를 촉진한다. 결로로 인한 부패를 억제하기 위해서는 수확한 블루베리와 스티로폼 상자를 모두 약 10℃ 전후의 저온저장고에 넣어 온도를 낮춘 후 얼음팩을 얹고 밀폐해 유통하거나 저장 중인 블루베리를 저온창고에서 포장하면 부패 발생을 줄일 수 있다.

유통단계에서 과실을 보호하고 수송성과 보존성을 좋게 하기 위한 포장은 사과, 배 등 일반 과수의 경우 선과 기준과 더불어 전국적으로 기준이 정해져 있다. 그러나 우리나라보다 블루베리 재배 역사가 오래된 일본에서도 블루베리는 선과 기준이 없고, 산지 혹은 생산자마다 용기와 포장이 다른 것이 현실이다.

상업적 목적으로 블루베리 산물을 얼려서 설탕을 첨가하지 않고 포장한 것을 'Straight Pack'이라고 하고, 설탕을 첨가한 것은 'Sugar Pack'이라고 한다. IQF(Individually Quick Frozen) 블루베리는 냉동터널을 지나면서 낱개로 냉동되는 것이다. IQF 과일은 보통 플라스틱 백으로 안감을 댄 주름진 상자에 넣어 포장한다. 상업적으로 포장된 IQF 과일 표준 무게는 13.7kg이다.

블루베리 생과는 보통 구멍이 있는 망토 모양의 용기 컨테이너에 포장한다. 일본 지바현의 블루베리 출하 용기는 뚜껑이 붙어 있는 100g들이 플라스틱 제품 컵으로 높이는 4.5cm, 윗부분의 지름은 10cm, 바닥 지름은 8cm이다. 뚜껑 중앙에는 원형으로 6cm 정도의 상표가 부착돼 있는데 여기에는 블루베리를 먹는 방법과 생산지 등이 기록돼 있다.

미국의 블루베리 과실 출하 용기는 뚜껑과 본체가 하나가 되는 플라스틱 제품으로 높이는 6.5cm, 윗부분의 지름은 12cm, 바닥 지름은 10cm로 예냉과 저온저장 효과가 좋게 고안돼 있고 뚜껑의 중앙에는 일본과 비슷하게 출하단계 이름이 기록돼 있다. 하지만 이것은 생과 장기저장을 위한 CA저장을 고려할 때 적합하지 않은 포장 형태이기 때문에 이를 대체할 포장용기가 필요하다. 그중 하나로 미생물에 의해 분해되는 포장지가 있는데 이를 이용해 블루베리를 포장하면 저장 수명이 연장된다. MAP저장 시에는 온도가 낮을수록 블루베리 특유의 향이 잘 유지되며, 구멍이 많아 공기의 유동이 높은 포장재의 경우 관능검사에서 높은 기호도 점수를 받는 것으로 나타났다.

출하 초기인 우리나라에서도 100g용부터 다양한 플라스틱 원통 용기와 정사각형 용기가 이용되고 있다.

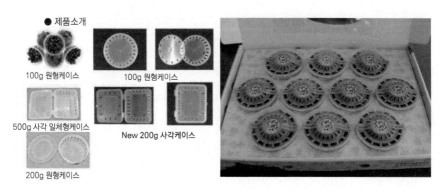

그림 6-2. 블루베리 과실 출하 용기

소매상에서의 판매 시 환경

시장에서 블루베리는 싱싱함을 유지하기 위해 냉장 온도에서 진열돼야 하는데 가능한 한 0℃에 가깝게 유지하는 것이 좋다. 블루베리는 저온 민감도가 크지 않아 이렇게 낮은 온도에서도 저장이 가능하다.

08 가공 기술

즙(주스)

포도를 생과로 섭취할 경우 흔히 포도 알맹이만 먹고 껍질과 씨는 버리는 것이 일반적이다. 하지만 과일의 기능성 성분인 폴리페놀은 대부분 씨앗과 껍질에 들어 있고 과육에는 극소량의 폴리페놀만이 존재한다. 우리 몸은 많은 스트레스로 인해 다량의 활성산소를 생성하는데 이러한 활성산소로부터 우리 몸을 보호해 주는 폴리페놀 성분을 포도로부터 가장 쉽고 많이 섭취할 수 있는 방법이 바로 즙으로 가공해 마시는 것이다. 블루베리는 포도와 다르게 껍질과 씨를 전부 섭취하기 때문에 포도보다 더 많은 폴리페놀 성분을 섭취할 수 있다.

가. 제조 공정

블루베리즙을 만들기 위해 먼저 블루베리를 선별하고 세척해 열처리를 한다. 이때 블루베리의 유효성분이 추출되는데, 빨간색 내지 보라색을 나타내는 안토시아닌 색소와 떫은맛과 쓴맛을 나타내는 타닌 및 플라보놀이 대표적인 성분이다. 열처리 온도와 시간에 따라 추출되는 성분의 비와 추출량이 달라지므로 열처리 공정은 블루베리즙 제조 중 가장 중요한 공정이다.

열처리가 끝난 블루베리는 적당히 냉각시킨 다음 압착해 과즙을 짜낸다. 블루베리즙에는 풍부한 영양분이 함유돼 있기 때문에 쉽게 미생물이 번식할 수 있다. 미생물 번식을 방지하기 위해 반드시 해야 하는 공정이 바로 살균공정이다. 블루베리즙의 저장성에 직접적인 영향을 미치기 때문에 잡균이 생기지 않게 충분히 살균해 주어야 한다.

그림 6-3. 블루베리즙 제조 과정

나. 원료

블루베리는 덜 익은 것, 부패된 것, 병든 것 등을 골라내고 너무 익은 것도 나쁜 냄새를 내는 원인이 되므로 제거한다. 선과가 끝난 과일은 철저히 세척한 후 으깬다.

다. 열처리 및 착즙

으깬 블루베리를 열처리하지 않고 그대로 압착하게 되면 블루베리의 과즙만 용출된다. 블루베리 껍질과 씨에 있는 기능성 성분을 추출하기 위해서는 으깬 블루베리를 적당한 온도로 열처리하는 것이 필요하다. 열처리를 함으로써 블루베리의 기능성 성분이 용출될 뿐만 아니라 이러한 기능성 성분의 산화를 촉진하는 효소의 활성도 막을 수 있으며, 잡균의 살균으로 블루베리즙을 안전하게 보존할 수 있다. 열처리는 으깬 블루베리를 60~90℃로 가열해 과피에 함유돼 있는 적색 색소인 안토시아닌과 플라보놀 및 타닌 성분이 잘 용출되도록 한다. 가열 공정에서 과육이 연화되는 것은 물론이고 타닌과 펙틴, 색소가 용출되는데 이때 온도가 너무 높으면 과즙 중의 당분이 캐러멜화돼 블루베리즙에서 단 냄새가 나고 쓴맛이 지나치게 용출돼 주스 맛에 좋지 않은 영향을 미치게 되므로 적당한 열처리 온도와 처리 시간이 중요하다. 열처리 온도가 60~70℃로 낮으면 착즙을 하기에는 어려움이 따르지만 원료의 풍미가 살아 있는 신선한 블루베리즙을 만들 수 있다. 반면에 열처리 온도가 85~90℃로 높으면 착즙은 용이하지만 블루베리의 신선함이 없어지고 또한 단 냄새가 많아져 블루베리즙의 풍미가 떨어지는 단점이 있다. 일반적으로 가정 또는 소규모 공장에서 가공한다면 풍미와 압착의 용이성을 다함께 고려해 75~80℃로 열처리하는 것이 적당하다.

라. 살균 및 입병

여과한 블루베리즙은 살균을 해두어야 하는데 유리병이나 플라스틱 주스병(예: 사과·오렌지 주스병 가능, 콜라·사이다 병은 안 됨)에 과즙을 충진시킨 다음 큰솥에 넣어 중탕 가열한다. 이때 과즙의 온도를 85℃에서 10분 정도 유지시킨 뒤 찬물에 냉각시켜 보관해 둔다. 살균 시 주의할 점은 즙의 온도가 약 80℃로 올라갈 때까지는 뚜껑을 열어두어 과즙 중의 공기가 빠져나가게 해야 한다는 것이다. 온도가 80℃ 이상 올라가면 뚜껑을 닫아 부패균의 오염을 방지해야 한다. 살균 공정을 쉽게 하는 또 다른 방법으로 살균하고자 하는 즙을 미리 85℃로 온도를 올린 다음 깨끗이 씻어놓은 용기에 즙을 주입하는 방법이 있다. 용기에 주입된 블루베리즙은 곧바로 찬물에 냉각시켜 열로 인해 풍미가 떨어지는 것을 막아야 한다.

살균 시 온도가 90℃ 이상이 되면 색소가 파괴되고 향기가 변해 좋지 않다. 블루베리즙의 색소는 주로 철 이온에 의해 변색되므로 블루베리즙 제조 혹은 포장하는 과정에서 철 이온과 접촉하지 않도록 주의가 필요하다.

잼

가. 잼의 가공 원리 및 산과 펙틴 함량에 따른 과실의 분류

과일에 설탕을 넣고 가열했다가 식히면 펙틴질과 유기산의 상호작용으로 젤리화가 일어난다. 젤리화에 효과적인 산은 사과산, 주석산, 젖산 등이다. 산이 강하면 젤리화는 잘 되나 pH 3.46 이하에서는 수분이 분리될 때가 많다. 당으로는 설탕, 포도당, 과당, 맥아당 등을 사용해도 좋으나 주로 설탕을 사용한다. 펙틴, 산, 설탕으로 젤리화하는 데 가장 적합한 비율은 펙틴은 1.0~1.5%, 산은 pH 3.46(0.3%), 당은 60~65%다.

펙틴이 많을 때는 당이 적어도 젤리화가 잘 된다. 예로서 펙틴이 1.0, 1.25, 1.5%로 증가함에 따라 설탕은 62, 54, 52%로 감소시켜도 된다. 펙틴이 1.0~1.5%이고 산이 많으면 당이 적어도 젤리화가 잘 된다. 예로서 펙틴이 1.5%일 때 산이 0.25%에서 0.3%로 증가하면 당은 65%에서 62%로 감소시켜도 된다.

따라서 한 가지 과일로 잼을 만드는 것보다 두 가지 이상의 과일을 섞어 만들면 펙틴과 산이 서로 보완돼 더욱 맛있는 잼을 만들 수 있다.

표 6-4. 산과 펙틴의 함량에 따른 과실의 분류

구분	과종
펙틴과 산이 많은 것	사과, 포도, 자두, 밀감 등
펙틴이 많고 산이 적은 것	복숭아, 무화과, 앵두 등
펙틴이 적고 산이 많은 것	살구, 딸기 등
펙틴과 산이 적당한 것	서양 포도, 숙성한 사과 등
펙틴과 산이 적은 것	성숙한 배

나. 잼의 농축과 완성점

농축하는 솥(용기)은 스테인리스나 법랑 제품을 사용해야 색이 변하지 않는다. 설탕은 두 번에 나누어 넣고 20~30분 안에 농축이 끝나도록 하며 눌어붙지 않도록 천천히 저어준다. 농축은 다음과 같은 시험으로 완성점을 정한다.

당도계로 60~65%가 됐는지 확인하거나, 온도계로 103~104℃가 됐는지 확인한다. 컵 시험은 찬물을 컵에 넣고 젤리액을 떨어뜨렸을 때 흩어지지 않으면 완성된 것이다. 수저 시험은 젤리액을 주걱으로 흘러내려서 그림과 같이 떨어지면 불충분한 것이고, 꿀과 같이 일부가 떨어지고 일부가 오르면 된다.

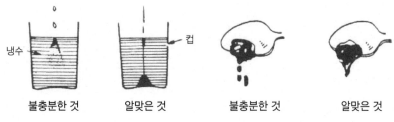

| 불충분한 것 | 알맞은 것 | 불충분한 것 | 알맞은 것 |

그림 6-4. 잼의 완성점

다. 제조 공정

블루베리잼은 포도잼과 달리 과육, 껍질, 씨를 분리할 필요가 없기 때문에 통째로 잼을 만든다. 블루베리를 깨끗이 손질하고 으깬 후 스테인리스 스틸 용기에서 연해질 때까지 끓여 펄프 상태로 만든 다음 70~80%의 설탕을 가해 용해시키면서 완성점까지 농축시킨다.

잼이 되려면 당분이 약 60%는 돼야 하므로 설탕을 넣고 적당한 산과 펙틴의 비율이 되도록 수분을 증발시켜야 하는데 이 공정이 바로 졸이기 공정이다. 졸이기가 길어지면 길수록 잼의 품질은 떨어진다고 보면 된다. 졸이는 공정을 짧게 하려면 산과 펙틴을 적당히 보충해 주는 것이 필요하다. 블루베리잼은 끓여서 제조하기 때문에 따로 살균 공정이 필요 없다. 뜨거울 때 담으면 자연스럽게 용기도 살균돼 오랫동안 보관할 수 있다.

블루베리 → 선별 및 세척 → 으깨기

졸이기 ← 설탕 첨가 ← 열처리

담기 및 식히기 → 블루베리잼

그림 6-5. 블루베리잼 제조 과정

(1) 원료 및 과육 준비
잼을 만들려면 우선 블루베리를 세척해 썩은 것을 제거한 뒤 냄비에 넣고 으깬다. 원료의 처리는 스테인리스 스틸로 만든 기구나 나무로 만든 것을 사용하는 것이 좋다. 포도나 블루베리의 경우에는 안토시아닌 색소가 워낙 진하기 때문에 눈으로 갈변되는 것이 보이지는 않지만 실제로는 블루베리를 으깰 때 급격한 갈변 작용이 일어난다. 블루베리 원료 1kg에 레모나를 한 개 넣어주면 갈변을 방지할 수 있다.

(2) 설탕 넣기

일반적으로 공장에서는 설탕을 과육 중량의 약 80% 정도를 쓰는데 가정에서는 펙틴이나 구연산을 구하기 어렵기 때문에 과육 중량의 약 50%을 넣는 것이 적당하다. 설탕은 한꺼번에 넣는 것보다 3회 정도 나누어 넣으면 과육에 골고루 당이 침투돼 좋은 잼을 만들 수 있다. 설탕을 적게 넣으면 그만큼 더 오래 졸여야 하는데 오래 끓이게 되면 색택 및 향기가 좋지 않게 되는 경우가 있다. 당질로 설탕만 쓰면 너무 달 수 있는데 이때 감미도가 설탕보다 적은 맥아당(물엿)을 섞어 사용할 수 있다. 설탕과 맥아당은 8 대 2 정도로 섞어 사용한다. 맥아당이 너무 많이 들어가면 품질이 떨어지기 때문이다.

최근에는 건강에 대한 인식이 높아짐으로써 백설탕 대신 흑설탕이나 갈색 설탕을 넣는 경우가 많은데, 이들 설탕은 기본적으로 백설탕을 원료로 더 가공된 형태이므로 유색 설탕이 건강에 더 좋다는 것은 잘못된 정보다. 갈색 설탕은 백설탕을 열처리해 만들며 흑설탕은 백설탕이나 갈색 설탕에 캐러멜을 넣어 색을 짙게 해서 만든 것이다.

(3) 졸이기

끓이는 시간은 과육의 양에 따라 다르겠지만 30~40분을 졸이면 된다. 설탕을 적게 첨가할 경우 1시간 이상 장시간 가열해야 하기 때문에 잼의 품질이 떨어진다. 따라서 적당한 양의 펙틴과 산을 넣어주면 30분 이내로 잼을 만들 수 있다. 구연산과 펙틴을 구입해 사용한다면 블루베리 1kg에 설탕은 약 800g, 구연산은 10g, 펙틴은 13g을 넣어주는 것이 적당하다. 이때 설탕은 처음부터 3등분으로 나누어 넣어주며, 구연산이나 펙틴은 어느 정도 졸이다가 넣어주는 것이 좋다. 특히 펙틴의 경우 처음부터 넣으면 펙틴이 분해돼 잼을 엉기게 하는 성질이 떨어진다. 펙틴을 한꺼번에 넣지 말고 조금씩 뿌려주어 잘 섞이게 하는 것이 중요하다.

졸이는 공정 중에 주의할 점은 냄비 바닥이 눋지 않게 나무주걱으로 계속 저어주어야 한다는 것이다. 잼은 당분의 함량이 많기 때문에 쉽게 눌을 수 있는데 졸이기가 어느 정도 진행되면 약한 불로 천천히 졸여 바닥이 타는 것을 막아야 한다.

(4) 잼의 완성과 담기

잼의 완성점은 찬물을 이용해 알아볼 수 있는데, 걸쭉하게 졸인 잼을 숟가락으로 조금 떠서 식힌 다음 얼음이 든 찬물에 떨어뜨렸을 때 흐트러지지 않고 일부가 굳은 채로 밑바닥까지 떨어지면 잼이 완성된 것이다. 이렇게 완성된 잼을 미리 깨끗하게 세척해 둔 병에 뜨거운 채로 담는다. 잼을 식혀서 담으면 공기 중에 있는 곰팡이나 효모가 들어가 잼을 오랫동안 보관할 수 없게 된다. 완성된 잼을 담을 때는 반드시 약한 불로 끓이면서 용기에 담고 곧바로 뚜껑을 닫음으로써 용기와 뚜껑을 모두 살균할 수 있다. 이때 너무 큰 병에 담아두면 다 먹기도 전에 곰팡이가 피거나 당질이 녹을 수 있으므로 작은 병에 여러 개로 나누어 저장하는 것이 바람직하다.

식초

식초는 아세트산이 주성분으로 양조초와 합성초가 있다. 전분을 원료로 하면 당화, 주정발효, 산발효를 거쳐야 한다. 재료에 따라 술찌기미초, 쌀초, 현미초, 밀가루초, 술초(청주·막걸리), 포도초, 사과초, 엿기름초, 증류초, 쌀초, 포도초 등이 있다. 제조 방법은 정치법과 속초법, 심부발효법, 연속심부발효법이 있다.

정치법은 대형 탱크에 탄소원과 종초균을 가해 30℃로 2~3개월간 발효하는 방법으로 시간이 많이 소요된다.

속초법은 발효통에 대팻밥을 채우고 초산균이 번식한 원료액을 탑 위에서 살포하면서 공기를 밑에서 불어 이를 3~5일간 반복하면 발효가 끝난다. 주로 주정초 제조에 사용한다.

심부발효법 및 연속심부발효법은 원료액과 초산균 혼합액을 공기로 격하게 교반해 발효시키는 장치를 이용하며 소규모이면서 대량 제조할 수 있다. Acetator는 압력으로 공기를 넣어주고, Cavitator는 회전 흡입해 분산시킨다.

합성초는 빙초산에 물을 넣어 4~5%로 희석하고 설탕, 포도당, 물엿 등의 감미료와 글루탐산나트륨, 아미노산, 소금 등의 조미 물질을 넣고 캐러멜로 착색시킨 것이다. 숙신산(호박산), 젖산, 주석산, 구연산 등의 유기산을 배합해 신맛의 품질을 향상시킨다.

과실 발효식초는 미생물이 과실 속의 당분과 녹말 등을 알코올 발효와 초산 발효하여 만든 액체로 초산을 3~4% 함유하고 있다. 알코올 발효균은 당분 등을 먹고 술을 만들며, 초산균은 그 술을 먹고 초산을 만든다. 그런데 초산균이 술을 다 먹고 먹이가 떨어지면 초산을 먹어버려 다시 맹물로 돌아가게 된다.

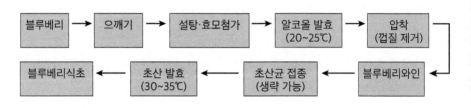

그림 6-6. 블루베리식초 제조 과정

가. 식초의 재료

일반적으로 식초의 재료로 낙과나 적과한 과실을 생각하나 오히려 그 반대다. 과실에 흠이 있더라도 대단히 잘 익은 과실이어야만 당도가 높아 식초가 잘 만들어지며 맛과 향도 좋다. 따라서 식초를 만들 과실은 나무에 그대로 둔 채 과숙시키는 것이 바람직하다. 단 부패된 재료는 넣지 말아야 한다.

가정에서 식초를 만들 때 보통 과실을 파쇄해 전체를 통에 재우는데 그렇게 하면 나중에 걸러내는 데 힘이 많이 든다. 처음부터 착즙하면 일도 수월하고 결과도 좋다. 과실을 마쇄기에 갈아 과실죽(페이스트)을 만든 후 플라스틱 소쿠리에 베를 깔고 그 위에 담아 놓으면 착즙이 잘된다. 1차 걸러낸 다음 건더기는 따로 모아두어 1주일 정도 후숙시켜 다시 걸러낸다. 착즙되는 양은 원래 과실 무게에 비해 배는 70%, 사과는 60%, 감과 감귤은 50% 정도이므로 참고해 재료를 준비한다.

나. 알코올 발효의 과정

알코올 발효의 핵심은 당도의 조정이다. 알코올 발효 시 당도가 15°Brix 미만이면 부패될 우려가 크고 20°Brix를 넘으면 발효가 잘 이뤄지지 않으므로 17~19°Brix가 적당하다. 과실을 착즙해 당도를 측정해보면 사과와 감은 13~14°Brix, 배와 감귤은 10~11°Brix이므로 설탕을 넣어 당도를 올려줘야 한다. 특히 당도를 올려줄 때는 설탕을 과즙에 잘 녹여 넣어주는 것이 중요하다.

술 만들기에 적당한 온도는 20~25℃이며 가급적 천천히 완만하게 온도를 올리는 것이 좋다. 알코올 발효 중에는 공기의 소통이 원활하도록 하며 3일 정도 지나 사이다가 끓듯이 기포가 올라오면 정상적으로 알코올 발효가 되는 것이다. 설정 온도 이상으로 온도가 올라가면 이상 발효가 진행될 수 있기 때문에 반드시 온도 체크를 해준다.

1주일이 지나면 발효가 완료되며, 이때 알코올 도수를 측정하면 처음 당도의 절반 정도인 알코올 도수가 나온다. 즉 당도 18°Brix인 과실즙을 발효시키면 알코올 도수 9도 정도의 술이 된다.

다. 초산 발효의 과정

초산 발효는 알코올 도수 6~7도가 적당하고 12도가 넘으면 발효가 더디다. 따라서 물을 부어 알코올 도수를 낮추어야 하나, 당도가 적당하면 별문제가 없으므로 통상 그대로 초산 발효를 시킨다. 초산 발효에 적당한 온도는 30℃이다.

초산 발효균은 절대 호기성균이므로 신선한 공기(산소)의 주입이 중요하다. 일반 컴프레서로 공기를 주입하면 기름이 유입되므로 오일리스 컴프레서(Oilless Compressor)를 사용하거나 어항용 공기주입기를 사용한다.

1주일이 지나면 초맛이 나기 시작해 3주일이 지나면 초산 발효가 완료된다. 산도계로 측정해 pH 3.6~3.9의 수치가 나오면 식초 제조가 완료된 것이다. 온도가 자연스럽게 낮아져 10℃에 이르면 다른 통에 옮겨 담아 저온창고에 저장하거나 또는 4~5℃로 2개월간 숙성시킨다. 이때 주의사항은 가급적 공기와 접촉하는 면을 넓게 하고, 뚜껑을 막아서는 안 되며, 식초액의 깊이가 40cm를 넘지 않도록 해야 한다는 것이다. 식초액 표면에 얇은 막이 형성되면 3일에 한 번 정도 저어 공기와 접촉하도록 해주어야 한다.

와인

가. 원료

국산 블루베리의 경우 생산 시기가 6월 말에서 9월 초며, 저장이 약해 특별히 저장시설을 갖추지 않는다면 연중 가공 시간은 매우 짧다. 국산 원료의 경우 원료 수매 가격이 높기 때문에 비싼 만큼 고도의 기술을 투입해 고품질 명품 와인을 생산해야 한다.

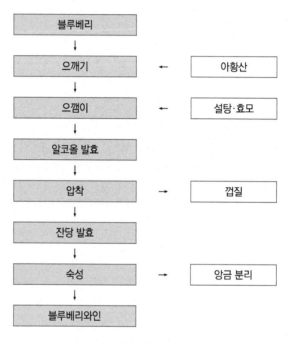

그림 6-7. 블루베리와인 제조 과정

나. 아황산 처리

아황산의 처리 목적은 블루베리의 과피에 붙어 있는 잡균을 살균하고 블루베리 파쇄 시 용출되는 폴리페놀의 산화를 방지하는 데 있다. 처리 방법은 식품첨가물용 메타중아황산칼륨(피로아황산칼륨, 메타카리, $K_2S_2O_5$)을 원료량에 대해 미리 계산해 두었다가 블루베리 파쇄 시 원료 100kg당 15~20g[아황산(SO_2)으로서 75~100ppm 상당]을 골고루 섞어준다. 아황산을 처리하면 처리 초기 과즙

속에 함유돼 있는 아세트알데히드, 피루빈산 등과 결합해 무독성 물질이 되며 남아 있는 유리 아황산이 미생물을 살균하는 작용을 한다. 아황산 처리 후 효모는 최소한 5시간 이후에 접종하는 것이 좋다. 너무 빨리 효모를 접종할 경우 효모가 아황산에 의해 활성을 잃을 수 있다. 아황산은 사람의 감각기관을 자극해 재채기나 숨막힘과 같은 증상을 일으킬 뿐만 아니라 와인의 향기나 맛을 손상시킬 수 있기 때문에 첨가량은 최소로 하는 것이 좋다.

다. 알코올 발효

(1) 과즙의 조정

과즙의 당도(Brix)에 0.55~0.57를 곱한 값이 최종 발효 후 알코올 농도가 되므로 12%(v/v)의 와인을 생산하려면 21~23°Brix로 과즙의 당도를 맞추어 주어야 한다. 원하는 알코올 농도의 와인을 제조하기 위한 가당량은 아래 식으로 계산한다.

$$가당량 = \frac{원하는\ 당도\ -\ 과즙의\ 당도}{100\ -\ 원하는\ 당도} \times (원료\ 무게 \times 0.8)$$

당 함량이 25% 이상이면 발효는 지연되고 휘발산류(초산)의 생성이 증가한다. 발효가 완료된 다음 산도가 0.5~0.6% 정도라면 적당하다. 산도가 높을 경우 산도가 낮은 과즙을 희석해 조정하거나 알코올 발효 종료 후 말로락틱 발효 방법으로 산도를 낮출 수 있다. pH는 3.5 이하가 적당하며 3.5 이상인 경우에는 아황산의 살균효과가 떨어진다. pH를 낮출 경우에는 주석산을 이용하는데, 과즙 100L당 100g를 첨가할 경우 pH가 0.1 정도 낮아진다.

(2) 발효 탱크

주로 많이 사용하는 것은 스테인리스 스틸 탱크로 고가이기는 하나 산이나 알코올에 대한 내구성이 강하기 때문에 장기적인 측면에서 보면 비싼 가격이 아니다. 발효조는 발효 기간이 짧기 때문에 다른 용기를 이용해도 상관없지만 저장 숙성용 용기는 장기간 사용해야 되므로 반드시 내구성이 강한 재질의 탱크를 이용하는 것이 좋다. 큰 용량 탱크의 경우 단위용량당 가격은 싼 편이지만 와인을 저장할 경우 용기에 꽉 채우지 않으면 산화되는 문제가 발생한다. 따라서 탱크류는 주로 사용하는 것 외에 소량의 탱크(0.5~3t 정도)도 꼭 필요하다. 탱크의 높이와 직경비는 3:1이 적당하다.

(3) 효모 접종

그림 6-8. 건조효모 활성화(왼쪽) 및 효모 접종(오른쪽)

배양효모를 사용할 경우 관리하는 데 어려움이 많으므로 건조효모를 이용하는 것이 편리하다. 건조효모는 보통 500g 단위로 판매하며, 4℃에 저장할 경우 1~2년간 사용이 가능하다. 건조효모는 아황산에 내성이 있어 35~75mg/L의 아황산에서 발효가 무난히 진행된다. 먼저 50%로 희석한 40℃ 500mL의 과즙에 150~200g의 건조효모를 넣고 30분간 방치한 다음 100L의 과즙에 접종한다. 건조효모는 오래 보관할수록 활성이 떨어지기 때문에 개봉 후 1년 이상 경과된 것은 첨가량을 늘려주어야 한다.

(4) 발효 온도 및 기타 관리

레드와인은 23~27℃가, 화이트와인은 15~20℃가 적당하다. 발효 온도가 30℃를 넘을 경우 향기 성분의 휘발이나 초산균과 같은 유해균 번식으로 와인의 품질이 급격이 저하되며, 효모의 활성도 떨어지기 때문에 발효가 제대로 이루어지지 않을 수 있다. 알코올 발효는 대량의 열을 발생하므로 반드시 냉각시킬 필요가 있다.

$$C_6H_{12}O_6 \rightarrow C_2H_5OH + CO_2 + 56Kcal$$
$$100g \qquad 51.1g \qquad 48.9g$$

과즙 당이 1% 소비될 경우 온도는 1.3℃ 올라간다. 우리나라에서 포도나 블루베리를 주로 생산하는 시기인 7~9월의 평균 외기 온도가 25~30℃인 것을 감안한다면 반드시 발효조의 냉각 대책을 세워야 한다. 발효조 외벽에 단열처리를 하면 하지 않을 때보다 5배 정도의 냉각효과가 있다. 오크통을 사용할 경우, 냉각이 어렵기 때문에 발효실 온도가 조절돼야 한다. 사용한 오크통은 세척해 재사용할 수 있는데, 이때 사용하는 세척수는 구연산 0.8% 용액에 메타중아황산칼륨을 100L당 50g을 넣어 사용하면 된다. 이 세척수를 3~5회(1개월마다 교환) 갈아주고 물로 여러 번 헹군 다음 사용하면 된다.

블루베리 과피를 함유한 와인의 발효에 있어서는 질소질이나 기타 영양물질이 풍부하기 때문에 인위적인 발효영양제는 첨가해 주지 않아도 발효가 잘 진행된다. 알코올 발효는 혐기성 발효로서 산소가 필요하지 않지만, 발효 초기 균체 증식기에 어느 정도 산소를 공급함으로써 효모의 생육을 촉진시키고 알코올 내성을 강화시킬 필요가 있다. 산소 공급은 하루 2회 정도 뒤집어주는 것으로 충분하다.

그림 6-9. 블루베리 발효 시 뒤집어주기(왼쪽)과 압착 후 잔당 발효(오른쪽)

라. 압착과 잔당 발효

레드와인 발효 시 안토시아닌과 폴리페놀의 추출 정도가 다른데, 안토시아닌은 발효 개시부터 약 5일까지는 증가하며 그 뒤로는 약간 감소하고, 총 폴리페놀 양은 발효 10일 정도까지 증가한다. 따라서 레드와인 제조 시 떫은맛이 너무 강하면 전발효 시간을 가능한 한 앞당겨 떫은맛이 강한 폴리페놀의 추출을 방지해야만 하고, 떫은맛이 약해 보디감이 적으면 전발효를 오랫동안 하는 것이 좋다.

마. 저장과 숙성

와인의 저장과 숙성에 가장 많이 이용되는 용기는 스테인리스 스틸 탱크로, 밀폐가 잘 된다면 발효에 사용된 탱크라도 무방하다. 오크통을 사용할 경우에는 먼저 어떤 제품의 와인을 만들 것인지에 대해 충분히 고려해야 한다. 오크통에 넣는다고 해서 무조건 고급 와인이 되는 것은 아니며, 경우에 따라서는 더 나빠질 수도 있다. 일반적으로 가벼운 타입의 와인이나 달콤함을 특징으로 하는 와인은 오크통에 숙성시켜도 향미가 개선되지 않지만 페놀 함량이 많은 레드와인의 경우는 오크통 숙성에 의해 한층 더 깊은 맛을 내는 와인으로 숙성이 진행된다.

바. 여과와 입병

폴리페놀 함량이 많은 레드와인은 숙성 시 어느 정도의 산소가 필요하므로 특별히 산화에는 신경쓰지 않아도 된다. 병에 와인을 채우고 코르크 마개를 하고 상표를 붙이는 과정을 입병이라고 한다.

사. 와인의 오염

와인 제조 시 흔히 발생하는 오염균으로는 초산균, 산막효모, 유산균 등이 있다. 초산균이나 산막효모는 호기성균이기 때문에 발효나 저장 중에 공기가 자유로이 들어갈 경우 많이 발생한다. 방지하기 위해서는 발효 시 온도를 27℃ 이상 되지 않게 조절해 주며, 와인 저장 시 용기에 와인을 꽉 채우고 밀폐시켜야 한다. 유산균의 경우 원료가 깨끗하지 않고 발효 완료 후 앙금 제거가 불충분할 경우 발생하는데, 유산균은 아황산에 대한 내성이 약하기 때문에 발효 종료 후 아황산을 처리하고 앙금을 빨리 제거하면 쉽게 방지할 수 있다.

곰팡이는 알코올에 내성이 없기 때문에 와인에는 생기지 않지만 청소를 잘 하지 않을 경우 양조장의 벽이나 저장용기, 다공질의 기구나 기타 물건의 표면에서 잘 번식한다. 특히 오크통을 사용할 경우 오크통의 표면에 곰팡이가 잘 번식하는데, 와인에 직접 영향을 미치지는 않지만 곰팡이가 생성한 냄새가 와인 속에 녹아들어갈 수 있으므로 각별히 주의해야 한다.

블루베리

제7장

시설재배

1. 간이 비가림재배

2. 하우스재배

01 간이 비가림재배

블루베리 품종 중 수확 시기가 우리나라의 장마기와 겹치는 품종이 많다. 장마기는 잦은 비로 인해 일조가 부족하고 습도와 토양 수분 함량이 높아 과실이 열과되거나 열과되지 않더라도 과실의 저장 기간이 단축되고 수확 후 저장 중에 곰팡이가 발생할 우려가 있다.

특히 블루베리를 생과로 판매하는 경우 이러한 원인으로 발생하는 품질 저하를 막기 위해 과실 수확 후 건조작업 등의 번거로운 기술적 작업이나 건조장치 등이 필요하고, 강우 속에서 블루베리 수확을 하려면 작업 능률이 떨어지는 등의 여러 가지 어려움이 있다.

이러한 문제점을 해결하기 위해 국내 일부 농가에서는 포도 간이 비가림재배와 비슷한 형태인 지붕 형태의 비가림재배를 하고 있다. 국내에서 일부 사용하는 간이 비가림재배는 강우기에 수확할 때 작업 환경을 편리하게 해 주고 과실 품질 저하의 우려를 줄여주나 생육기에 비닐로 인한 차광 효과와 비가림으로 인한 수분 부족 등을 해결해야 한다. 따라서 강우기를 제외한 시기에는 자동 관수 시스템이나 충분한 물 관리로 수분 부족을 막고 수확기에 들어가기 전에 비닐을 덮어 비가 올 때만 비닐을 씌워야 하며, 날씨가 좋으면 걷어 올려 차광의 영향을 줄여야 한다.

블루베리 간이 비가림재배는 포도 간이 비가림재배와 비슷하게 설치하지만 블루베리는 포도와 같은 덩굴성 과수가 아니라 관목성 과수이다. 때문에 해가 지날수록 땅에서 새로운 흡지들이 나와 수관이 커지는 형태를 띠고 있어 그 폭이 포도에 비해 넓어야 한다. 일반적으로 블루베리는 하이부시 블루베리의 경우 1.5m×2.5m, 수세가 강한 래빗아이 블루베리는 2.5m×3.0m 정도의 간격으로 재식하는데 이를 고려해 비가림 폭을 정해야 한다.

블루베리재배 시 수확기에 까치, 참새, 직박구리 등의 피해가 심각하기 때문에 일반적으로 방조망을 설치하게 되는데 간이 비가림재배 시 방조망 설치에 유의해야 한다. 방조망은 수확기에 설치해 수확기가 끝나면 제거해야 겨울철 눈에 의해 나무가 부러지는 등의 피해를 보지 않는다. 방조망은 참새가 들어가지 않도록 격자 크기를 2.5cm 내의 작은 것으로 해야 하며, 적설피해가 우려되는 곳은 간이식으로 설치해 방조망 설치와 제거가 용이하도록 해야 한다.

그림 7-1. 비닐 피복한 간이 비가림 시설(A) 및 무피복 간이 비가림 시설(B)

주) 서울대학교 블루베리 간이 비가림 시설재배지

02 하우스재배

블루베리 피복재배 방법에는 동해 예방과 조기 출하를 목표로 하는 무가온 하우스와 반촉성재배가 있다. 무가온 하우스의 경우 품종에 따라 차이는 있으나 개화 및 수확이 노지에 비해 7일에서 2주 이상 빨라지며 반촉성 하우스의 경우에는 7일에서 4주 이상 빨라질 수 있다. 우리나라 블루베리재배 품종은 조생종인 '듀크'가 절대적으로 많아 수확기 홍수 출하에 의해 가격이 급락하는 일이 자주 발생한다.

비닐 피복과 가온 시작 시기

반촉성 하우스의 경우 생육을 앞당겨 조기에 수확하려면 겨울철 가온이 필요하다. 가온을 하기 전에 우선 해야 할 것은 품종별 저온요구도가 충족됐는지 확인하는 것이다.

잎이 떨어지고 겨울철에 휴면을 하는 낙엽과수는 겨울 동안 일정한 저온을 거쳐야 하는데 이를 저온요구도라 한다. 저온요구도는 과수와 품종에 따라 다르나 추운 지방에서 적응한 과수일수록 길고 따뜻한 지방에서 자라는 과수일수록 짧다. 저온요구도가 충족되면 과수는 발아할 준비를 하게 되는데 이때 환경 조건을 맞춰주면 발아를 할 수 있으나 노지에서는 저온으로 인해 발아하지 않고 휴면을 계속한다.

일반적으로 북부 하이부시 블루베리의 저온요구도는 800~1,200시간이고, 남부 하이부시 블루베리의 저온요구도는 품종에 따라 차이가 나타나지만 '샤프블루(Sharpblue)'는 200시간, '오자크블루(Ozarkblue)'는 800시간으로 평균

350~400시간이다. 따라서 저온요구도가 충족된 다음 비닐 덮기와 가온이 시작된다. 저온요구도가 충족되지 않은 상태에서 가온을 시작하게 되면 나무는 발아하지 못하게 되므로 이를 유의해야 한다.

하우스재배 시 유의할 점

블루베리는 자가수정이 가능한 작물로 알려져 있어 많은 농가가 편의를 위해 하우스 내 단일 품종만을 식재하는 사례가 많다. 그러나 하우스 안에서 단일 품종만을 식재하거나, 여러 품종을 식재했어도 개화기가 일치하는 품종이 없어 단일 품종만 식재한 효과를 나타내는 경우 품종에 따라 자가수정률이 낮아 개화된 꽃이 수정되지 못하고 말라 떨어지는 등 착과율이 저하되고 과실 크기가 감소하는 일이 발생한다.

그림 7-2. 개화한 블루베리 꽃(좌) 및 미수정된 꽃(우)

블루베리를 무가온 하우스에서 재배할 경우 눈이 많이 왔을 때 겨울철 비닐 피복이 된 상태에서 눈의 무게로 인해 하우스가 무너지는 등의 피해를 볼 수 있다. 따라서 비닐 피복을 했을 경우에라도 적설량이 많을 것으로 예상되면 비닐을 제거하는 등의 작업이 필요하다.

또한 무가온 하우스는 겨울철 물 관리가 어렵다. 블루베리의 경우 천근성 뿌리를 가지고 있고 우리나라는 대부분 피트모스를 기본으로 재식하기 때문에 겨울철 건조 피해가 많고 이에 따른 동해가 심각하게 발생한다. 따라서 2월 말에서 3월 초에는 물을 대어 건조 피해를 줄여야 한다.

블루베리

제8장

병해충 관리

1. 주요 병해와 방제
2. 주요 해충 발생 예찰 및 관리

블루베리는 생육에 알맞은 환경 조건에서 재배 관리를 잘하면 농약을 사용하지 않아도 된다. 이를 위해서는 오래된 잎과 열매를 제거하고, 잘라낸 가지와 낙엽 등은 태우거나 땅에 묻고 잡초를 철저히 방제해야 한다.

이렇게 관리했을 때 1년에 한두 번만 농약을 살포하면 되고, 농약을 한번도 살포하지 않아도 되는 경우도 있다. 그러나 병해충의 발생이 심한 지역이 있어 정기적으로 농약을 살포해야 한다.

어떤 사람들은 합성 살충제의 사용을 꺼리는데, 이러한 경우에는 천연 살충제, 길항 미생물, 천적 등을 사용해야 한다. 그러나 이러한 방법들이 별 효과가 없거나 비용이 너무 많이 들면 합성 살충제를 불가피하게 사용해야 할 때도 있다. 또한 병이 발생하면 수확을 거의 하지 못할 수도 있으므로 합성 살충제를 적절히 사용해야 한다.

모든 농약은 어느 정도 독성을 지니고 있으므로 사용할 때는 농약 포장에 표기된 유의사항을 숙지해야 하며, 어린이들의 손이 닿지 않는 정해진 장소에 보관해야 한다.

농약 포장에는 급성 독성의 정도가 표기돼 있는데 독성이 높은 것은 '위험', '독극물', '해골표시' 등으로 돼 있고, 중 정도의 독성을 가진 것은 '경고', 독성이 낮은 것은 '주의'로 돼 있다. 독성이 없는 것은 아무 표기가 없다. 농약마다 잔류 기간이 다르므로 과실을 수확하기 전 언제까지 그 농약을 살포해도 좋은지 반드시 고려해야 한다.

01 주요 병해와 방제

국내 블루베리 재배 기간은 몇 년이 되지 않았지만, 신소득 작물로 재배 면적은 급격히 증가하고 있다. 국내 블루베리는 재배 기간이 짧아 병해충 발생이 적었지만, 재배 기간이 길어지고 면적도 증가하면서 병해충 종류가 많아지고 있는 실정이다. 또한 방제가 어려운 병해충이 나타날 가능성도 있다. 현재 블루베리 재배 농업인들은 대부분 친환경 재배를 하고 있어 병해충 발생 시 방제가 어려울 것으로 사료된다. 때문에 건전한 묘목 선택이 중요하고, 과수원의 통풍과 투광이 잘 되게 관리해야 하며, 과습하지 않게 배수 관리도 철저히 해 토양전염성 병해가 발생하지 않도록 해야 한다. 또한 과수원 내 적절한 시비 관리로 블루베리 수체를 건강하게 하여 안정적인 수확을 할 수 있도록 해야 한다. 현재 우리나라에서 재배하는 블루베리에 발생하는 병해는 여러 종류가 있으나 주로 곰팡이성 병해다. 하지만 재배 면적 증가 및 품종의 다양화로 보다 많은 병해충이 발생할 것으로 예상되므로 방제에 주의를 요한다. 국내 블루베리 재배 농가에서 주로 발생하는 일곱 가지 병해의 생태, 증상 및 방제 요령에 대해 알아본다.

표 8-1. 국내 블루베리에 발생하는 주요 병해 종류

병명	병원균명	발병 정도
역병	*Phytophthora sp.*	++
줄기마름병	*Botryophaeria dothidea*	+++
가지마름병	*Phomopsis vaccinii*	+++
탄저병	*Colletotrichum gloeosporioides*	++
갈색무늬병	*Pestalotiopsis sp*	++

병명	병원균명	발병 정도
잎마름병	*Monochaetia.sp.*	+
잿빛곰팡이병	*Botrytis cinerea*	++

역병

병원균은 난균류로 *Phytophthora sp.* 균체에서는 유주자, 후막포자 및 난포자를 형성하며, 유주자낭에서 형성된 유주자가 뿌리에 부착한 다음 뿌리 내부로 침입해 감염된다. 감염 후 24시간 이내에 뿌리의 표피를 관통해 도관 조직에 침입한다. 균사는 표피와 수피, 체관부와 목질부 도관의 세포 내로 침입한다. 후막포자는 이 균의 주된 월동기구로 감염된 뿌리 내에서 형성해 뿌리 조직이 파괴될 때 토양 내로 퍼진다. 이 역병균은 20~32℃의 온도 범위에서 발생하며, 토양의 습기가 많고 배수가 불량한 상태에서 많이 발생한다. 역병균에 감염된 블루베리 나무는 생장이 멈추고 잎이 황색으로 변한다. 나무 지하부의 관부와 주근(몸통뿌리)은 변색되고, 지근(받침뿌리)은 검게 변해 썩는다. 잎은 위축되며 잎의 가장자리는 변색돼 썩는다. 병이 진전되면 잎 전체가 적색으로 변하는데, 심하게 병든 나무는 탈색되고 말라 죽게 된다.

  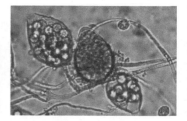

그림 8-1. 역병 감염주(좌), 역병 감염 잎(중간), 역병균 유주낭(우)

방제를 위해서는 재배지에 관수 혹은 강우 이후 물이 오랫동안 고여 있지 않도록 하고, 장마기에는 재배지에 배수로를 잘 설치해 물빠짐이 좋게 관리해야 한다. 병든 나무는 일찍 뽑아서 불에 태워버린다. 저항성 품종으로는 '바운티(Bounty)', '저지(Jersey)' 등이 보고되었으며, 이 병에 걸렸을지라도 배수가 잘 되는 재배지에서 회복될 수 있는 품종은 '블루칩(Bluechip)', '크로아탄(Croatan)', '해리슨(Harrison)', '머피(Murphy)'인 것으로 보고되었다.

줄기마름병

줄기마름병의 병원균은 자낭균 *Botryophaeria dothidea*와 *B. parva* 2종이다. 외국에서는 *Botryophaeria dothidea*에 의한 *stem blight*, *Botryophaeria coticis*에 의한 *stem canker*로 보고되어 있다. 줄기마름병은 병든 줄기의 표피 조직 내에 병자각을 형성하고, 병자각 내에 많은 분생포자(병포자)를 형성한다. 병원체는 월동 후 5~6월에 자낭포자와 분생포자를 바람에 날리어 블루베리 줄기에 부착해 침입하며, 병원균 포자는 가지의 상처 부위(전지·전정, 동해나 한발 피해, 수확 등)로 침입해 병을 일으킨다. 줄기마름병은 6~7월 비가 많이 오는 시기에 주로 감염된다. 이 줄기마름병균의 생육 최적 온도는 28℃이며, 최저온도는 10℃, 최고온도는 32~35℃이다. 줄기마름병 발생 초기에는 잎이 황색 혹은 적색으로 변하며 병이 진전되면 잎은 담갈색으로 변해 말라 죽게 된다. 병에 감염된 줄기의 조직은 갈색 혹은 황갈색으로 변해 썩고, 표피의 내부는 암갈색으로 변한다. 줄기마름병은 변색 증상이 감염부위로부터 한쪽만 형성된다는 특징이 있으며, 병의 진전이 심하게 되면 전체적으로 변색돼 썩는다. 큰나무의 잔가지에 병이 발생하면 병든 줄기만 말라 죽으나, 어린나무의 줄기 밑둥에 발생하면 나무 전체가 말라 죽게 된다.

그림 8-2. 줄기마름병 감염주

방제를 위해서 과수원 조성 시 병에 걸리지 않은 건전한 묘목을 재식하고, 재배 중 혹은 전지·전정 시 병이 관찰되면 병든 부위를 일찍 잘라서 불에 태워야 한다. 병든 부위를 자를 시 병반으로부터 건전 부위까지 15~20cm를 더 잘라내야 병원체의 전염원 제거에 효과적이다. 일부 저항성 품종으로는 '케이프피어(Cape Fear)', '머피(Murphy)', '오닐(O'Neal)' 등이 있다.

가지마름병

가지마름병의 병원균은 자낭균 *Phomopsis vaccinii*이다. 분생포자인 병포자를 형성하는 병자각은 죽은 가지, 특히 최근에 죽은 가지에 주로 검은색의 타원형 또는 원형으로 발생한다. 병포자는 알파(α)포자, 베타(β)포자를 형성하는데, 알파포자는 무색 단포로 직접 침입하며 병을 유발하고, 베타포자는 식물체에 직접 침입하지는 못한다. 병포자는 습기가 많은 조건에서 끈끈한 점액질 덩어리 형태로 분출돼 빗방울로 튀어서 멀리까지 전염된다. 분생포자의 초기 감염은 주로 꽃눈과 꽃을 통해 이루어지며, 침입 후에는 줄기의 수피를 통해 생장하면서 수확기까지 줄기를 침해한다. 가지마름병균에 감염된 열매는 심하게 썩는다.

그림 8-3. 가지마름병 감염주(좌)와 가지마름병 증상(우)

방제를 위해 처음 과수원을 조성할 때 건전한 묘목을 재식하고, 재배 중 혹은 전지·전정 시 이 병이 관찰되면 병든 부위를 일찍 잘라서 불에 태워야 한다. 저항성 품종은 아직 알려지지 않았으며, 특히 '해리슨(Harison)'과 '머피(Murphy)'는 이 병에 매우 감수성이 높은 것으로 알려져 있다.

탄저병

탄저병균은 진균계 자낭균 *Colletotrichum gloeosporioides*이다. 이 병원균은 자낭포자와 분생포자를 형성한다. 병원균은 나뭇가지의 감염 부위에서 월동하고, 봄여름에 비가 오는 시기에 분생포자를 형성해 전파한다. 분생포자는 초기에는 꽃잎에 침입하고 미성숙한 열매에서 잠복감염 상태로 있다가 열매가 성숙할 때 병 증상이 나타난다. 병든 열매에서 다시 형성된 분생초자는 비바람에 날려 다른 열매에 2차 감염을 일으키는 2차 전염원으로 작용한다. 이 병원균의 생장적온은 20~27℃이고, 따뜻하고 습한 기후가 지속되면 병 발생이 심해진다.

그림 8-4. 탄저병 감염 과실과 감염된 잎

방제 방법으로는 저항성 품종을 재배한다. 탄저병 저항성 품종으로는 '머로(Morrow)', '머피(Murphy)', '리베일(Reveille)' 등이 있다. 탄저병이 발생한 재배지에서는 '블루레이(Blueray)', '바운티(Bounty)', '해리슨(Harrison)' 등 감수성 품종 재배는 가급적 피하도록 한다. 현재 국내에 블루베리 탄저병 방제로 등록된 약제는 디메토모르프.피라클로스트로빈 액상수화제와 트리플록시스트로빈 입상수화제 2종류가 있으며 각 약제의 안전사용기준과 사용적기 및 희석 배수를 잘 확인하여 살포한다.

갈색무늬병

갈색무늬병 병원균은 자낭균 *Pestalotiopsis sp.*로 감염 부위에서 분생포자를 형성한다. 병원균은 감염 가지에서 월동하고, 봄여름 비가 오는 시기에 분생포자를 형성해 전파된다. 분생포자는 잎을 침입하고 상처 난 줄기로도 감염된다. 가을에도 고온다습 조건이 지속되면 병반 형성이 잘 되며, 특히 수세가 약해지면 병 발생이 심해진다. 감염 증상은 주로 잎에서 나타나며, 감염 초기에 적갈색 점무늬가 생성된다. 병이 진전되면 병반이 갈색 내지는 암갈색의 부정형 병반으로 확대되고, 심하게 병든 잎은 변색돼 말라 죽게 된다. 방제를 위해 생육기에 균형시비를 해 수세가 약해지지 않도록 관리한다.

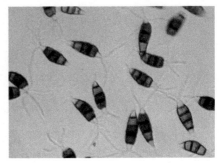

그림 8-5. 갈색무늬병 증상(좌)과 갈색무늬병균 분생포자(우)

잿빛곰팡이병

잿빛곰팡이병균은 매우 많은 작물에 병을 유발하는 다범성 곰팡이로 자낭균은 *Botrytis cinerea*이다. 이 균은 분생자경과 분생포자를 형성하며 병든 식물체에서 휴면균사체로 월동한 다음 저온다습한 봄에 월동한 균체에서 많은 분생포자를 형성해 감염된다. 분생포자는 바람을 타고 식물체 조직의 수분에 부착해 발아하고, 식물체 내부로 침입해 병을 일으킨다. 병반에서는 다시 많은 분생포자를 형성하고, 이 분생포자가 다시 바람을 타고 건전한 식물체에 침입해 2차 감염을 유발한다. 이 병원균은 저온다습 조건에서 심하게 발생하는데, 15~20℃의 서늘한 기후와 상대습도가 95% 이상 높을 때 심하게 발생한다. 이 병원균은 떨어지지 않은 수분을 함유한 꽃잎에 부착해 병을 잘 유발하는데 꽃, 어린가지, 잎, 열매에서 발병한다. 감염 부위는 초기에 갈색 혹은 흑색으로 변하고 후에 탈색되면서 황갈색 또는 회색으로 변한다. 생육 초기에 감염된 가지, 꽃, 잎은 변색돼 말라 죽고 열매는 수확기와 수확 후 저장 중에 병을 유발한다. 병든 열매는 초기에 약간 오그라들고, 후에 변색돼 썩으면서 그 위에 많은 분생포자를 형성한다.

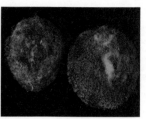

그림 8-6. 잿빛곰팡이병 감염 증상

방제를 위해 질소질비료를 과다 시용해 나무가 무성하지 않도록 관리하고
전지·전정을 잘 하여 통풍이 잘 되게 한다.

표 8-2. 기타 외국에서 보고된 주요 블루베리 병해

병원체의 분류	병명	병원체
바이러스	끈모양병	*Blueberry shoestring virus (BBSSV)*
	마름병	*Blueberry scorch virus (BBScV)*
	괴저둥근점무늬병	*Tobacco ringspot virus (TRSV)*
	적색둥근점무늬병	*Red ringspot virus (RRSV)*
	둥근점무늬병	*Tomato ringspot virus (TmRSV)*
	로제트모자이크병	*Peach rosette mosaic virus (PRMV)*
	잎얼룩병	*Blueberry leaf mottle virus (BBLMV)*
	급성마름병	*Blueberry shock ilarvirus (BSIV)*
세균	혹병	*Agrobacterium tumefaciens*
	세균궤양병	*Pseudomonas syringae*
	위축병	*Phytoplasma sp.*
곰팡이	줄기궤양병	*Botryosphaeria corticls*
	미라병	*Monillnia vaccinii-corymbosi*
	흰가루병	*Microsphaera vaccinii*
	붉은잎병	*Exobasidium vaccinii*
	녹병	*Pucciniastrum vaccinii*
	뿌리썩음병	*Armillaria mellea*

02 주요 해충 발생 예찰 및 관리

블루베리는 최근 국내에 보급이 급격히 확대된 작물로, 다른 과수 작물에 비해 재배 중 병해충 발생이 적어 관리하기 쉽다고 알려져 있었다. 그러나 국내 대부분 농가에서는 무농약 또는 친환경 유기농재배로 관리하고 있어서 기존 관행 방제에서는 문제가 되지 않았던 많은 종류의 해충이 발생해 피해를 유발하고 있고 그 종류도 점차 다양해지고 있다.

현재까지 국내에서 블루베리에 발생하는 주요 해충으로는 블루베리혹파리, 총채벌레류, 응애류, 나방류, 노린재류, 딱정벌레류, 진딧물류, 깍지벌레류 등이 있다. 이처럼 다양한 해충이 블루베리재배 초기에서부터 수확 이후까지 문제가 되고 있는데, 재배 시기나 유형에 따라 발생 종 및 피해 발생 상황이 여러 가지다. 특히 2010년 처음 국내에서 발생이 확인된 블루베리혹파리는 외국에서 유입된 해충으로, 볼록총채벌레와 더불어 시설 비가림재배지를 중심으로 피해가 확산되고 있어 정확한 발생 예찰을 통한 초기 관리가 매우 중요하다.

블루베리혹파리

가. 생태 및 특징

블루베리혹파리는 파리목 혹파릿과에 속하는 해충으로 주요 분포 국가는 미국, 캐나다, 유럽 등이다. 국내에서는 2010년 국내 발생이 공식 확인된 유입 해충으로 최근 일부 시설재배 블루베리에서 피해가 확인되었다.

블루베리혹파리 발생이 심하면 대부분의 신초에서 피해가 나타나는데, 신초 끝부분의 시드는 부위에서 1~2mm 전후의 유충들을 관찰할 수 있으며 어린 가지와 꽃눈에 피해를 준다. 특히 시설재배지에서 피해가 심한데, 전체 신초의 80% 이상을 가해한 사례도 있다.

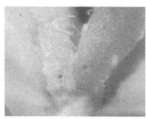

그림 8-7. 블루베리혹파리 성충(좌), 어린 유충(중간), 노숙 유충(우)

블루베리혹파리는 봄에 월동 번데기에서 우화한 성충(2~3mm)들이 활동하면서 며칠 내에 블루베리 신초에 알을 낳으며, 알에서 부화한 유충(1~2mm)은 새순과 꽃눈을 파고들면서 가해하고 갈변시키며, 노숙 유충은 지상으로 떨어져 번데기가 된다. 번데기로 월동한 블루베리혹파리는 날씨가 따뜻해지는 봄에 성충(1.5~2mm)으로 우화해 블루베리 꽃눈과 신초 등에 알을 낳는다. 성충 한 마리당 20여 개의 알을 산란한다.

그림 8-8. 신초 피해 초기 증상 및 블루베리혹파리 유충

블루베리혹파리 1령 유충~성충까지의 발육 기간은 2~3주 이내로, 온도에 따라 차이가 있지만 연간 3~5세대 이상 발생하며 고온다습한 시설에서는 더욱 짧은 기간에 발육해 증식한다.

유충은 신초와 꽃눈 내부를 가해해 잎의 변형 및 흑변에 이어 생장부 눈을 고사시키므로 블루베리 생장이 위축됨은 물론 과실 생산량도 감소한다.

많은 농가에서 블루베리의 신초와 꽃순에 발생하는 이런 시듦 증상의 원인이 블루베리혹파리에 의한 피해라는 사실을 잘 모르고 있어 발생 초기에 적절한 조치 및 방제가 이루어지지 않으면 피해가 확산될 우려가 있다.

그림 8-9. 블루베리혹파리에 의한 선단부 눈 고사 피해 증상

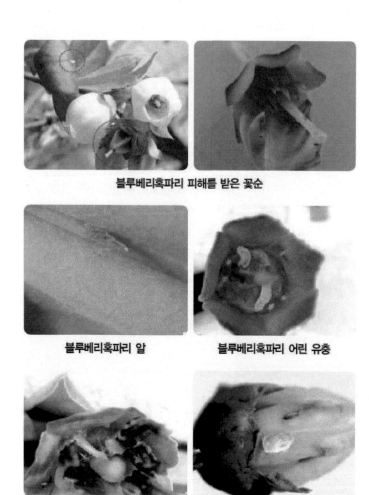

블루베리혹파리 피해를 받은 꽃순

블루베리혹파리 알

블루베리혹파리 어린 유충

블루베리혹파리 노숙 유충

블루베리혹파리 번데기

그림 8-10. 블루베리혹파리에 의한 꽃눈 피해 증상

나. 예찰 및 방제법

기온에 따라 발생 시기에 차이가 있고, 연중 여러 세대가 발생하므로 끈끈이트랩 조사나 육안 조사를 통한 정확한 발생 시기 및 밀도를 예찰하는 것이 필요하다. 끈끈이트랩을 이용할 경우 트랩들을 블루베리혹파리에 의한 피해가 심한 기주 주변 재배 바닥에 설치하면 가장 효율적으로 예찰할 수 있다.

토양 내에서 번데기로 월동하므로 우화 시기 이전에 토양에 약제를 살포하면 발생을 줄일 수 있지만 현재 국내에서는 블루베리혹파리 방제용 약제 등록이 추진 중이고 외국의 경우 스피네토람, 스피노사드 수화제 등이 등록돼 있으나 유기농재배에서는 사용할 수 없다.

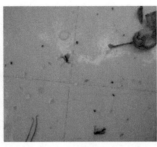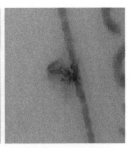

그림 8-11. 끈끈이트랩을 이용해 예찰한 블루베리혹파리 유충과 성충

피해 증상이 나타나는 신초와 꽃눈은 즉시 제거해 소각하거나 비닐봉지 등으로 완전 밀폐해 폐기해야 한다. 블루베리혹파리 유충은 생태적 특성상 건조한 환경에 취약하기 때문에 습도가 높은 시설재배 환경에서는 환풍기 등을 이용해 건조하게 하는 것이 좋으며, 바닥을 건조하게 피복해 노숙 유충이 번데기가 되기 위해 토양 속으로 침투하는 경로를 차단하면 시설 내 발생 밀도를 줄일 수 있다. 또한 번데기가 월동에 들어가는 시기가 늦은 가을(이른 겨울)이므로, 기주식물이 심어져 있는 바닥을 얕게 갈아엎어 번데기를 노출시키면 겨울에 토양 속에서 월동하는 번데기들의 치사율을 높일 수 있다.

그림 8-12. 블루베리혹파리 발생 억제를 위한 화분 및 바닥 멀칭

총채벌레

가. 생태 및 특징

총채벌레류는 기주 범위가 매우 광범위한 해충으로 꽃과 잎, 과실 등 모든 부위에 발생해 피해를 준다. 발생 시 전형적인 가해 증상인 은색의 자국(흔적)과 작은 반점이 형성되는데, 꽃이나 어린 과실에서는 낮은 밀도에서도 긁힘에 의한 기형과를 유발해 상품가치를 떨어뜨린다.

볼록총채벌레 성충 · 발생 초기 증상

총채벌레 발생에 의한 단계별 피해 증상

총채벌레류에 의한 꽃 피해 증상　　　　　총채벌레류에 의한 꽃 피해 증상

그림 8-13. 블루베리에서 발생하는 볼록총채벌레와 피해 증상

표 8-3. 노지 블루베리에서의 총채벌레류 발생밀도

목	한국명	학명	조사방법*	발생정도**
총채벌레목	꽃노랑총채벌레	*Frankliniella occidentalis*	T	+++
	대만총채벌레	*Frankliniella intonsa*	T	++++
	볼록총채벌레	*Scirtothrpis dorsalis*	T	++
	오이총채벌레	*Thrip spalmi*	T	+
	미나리총채벌레	*Thrips snigropilosus*	T	+
	파총채벌레	*Thrip stabaci*	T	+

*Smapling method: V;Visual, T;Trap
**발생 정도 : (−): 0마리, (+): 1~10마리, (++): 10~50마리, (+++): 50~150마리, (++++): 150~300마리

대부분의 총채벌레 성충(1~2mm)은 담황색 또는 연한 갈색의 해충으로 뒷부분의 산란관을 이용해 길쭉한 콩팥 모양의 알(0.1~0.4mm)들을 작물체의 꽃이나 잎 조직을 찢은 부위 또는 줄기의 깊숙한 틈에 낳기 때문에 육안으로 관찰이 불가능하다. 유충(0.3~1.3mm)은 유백색으로 성장하면서 색깔이 진하게 변한다. 번데기는 유충과 성충의 중간 형태로 번데기가 되기 전에 지상으로 떨어져 주로 땅속이나 조직 틈에서 존재하기 때문에 발견이 쉽지 않다. 땅속에서 일정 기간을 지낸 번데기는 성충이 된 후 다시 지상부로 이동해 기주식물을 다시 가해한다.

나. 예찰 및 방제법

기주 범위가 넓고 번식력이 강하며 세대 기간이 짧아 방제가 매우 어려운 해충이다. 건조하면 피해가 심해 블루베리의 경우 시설재배지에서 피해가 많다. 따라서 초기 예찰을 통한 방제가 매우 중요하다.

황색이나 청색 끈끈이트랩을 온실 내 작물체 약 30cm 높이에 설치해 일정 간격으로 육안 조사를 실시하면서 끈끈이트랩에 유인된 총채벌레 발생을 확인하거나 작물체의 꽃봉오리, 잎 사이 등을 자세히 관찰해야 한다. 타락법을 이용한 간이예찰은 피해가 의심되는 가지 밑에 흰색종이를 깔고 가볍게 털어보면 총채벌레 약충과 성충들을 발견할 수 있다.

발생 초기 해충 방제용으로 등록된 친환경 유기농 자재들을 이용해 잎 앞뒷면과 식물체 조직 틈에 고루 살포하면 발생 피해를 줄일 수 있다.

응애류

가. 생태 및 특징

응애(거미강 진드기목)는 원예작물의 문제 해충 중 하나다. 점박이응애(*Tetranychus spp.*)류는 가장 문제가 되는 흡즙성 해충으로 발생 시 잎 뒷면을 자세히 관찰하면 눈으로 볼 수는 있지만 피해가 진전될 때까지 발견하지 못할 때가 많다.

응애에 의한 피해는 주로 잎에 나타난다. 피해 부위에는 황색 또는 흰색의 반점이 생긴다. 피해가 심해지면 조직이 갈변하고 조기낙엽 및 꽃 떨어짐 증상이 나타난다. 응애가 조직의 즙액을 빨아먹으면 엽록소를 잃고 표면에 백색 또는 은색 반점이 생기며, 갈색의 줄무늬가 나타나기도 한다.

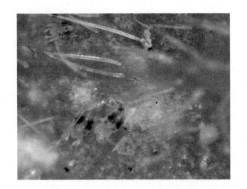
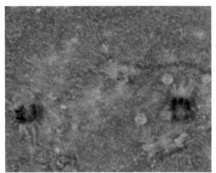

그림 8-14. 점박이응애 성충 및 알

그림 8-15. 점박이응애의 피해 초기(좌)와 피해 후기(우)

점박이응애의 경우 알→애벌레→약충→성충까지 한 세대를 완료하는 데 25~27℃에서 10일 정도 소요된다. 암컷 성충의 수명은 2~4주로 하루에 3~5개씩 수백 개의 알(0.1mm)을 낳는다. 노지에서는 연간 9회, 따뜻한 지방에서는 10~11회 정도 발생할 수 있다. 크기는 암컷이 0.4mm, 수컷이 0.3mm 정도 되고 성충은 다리가 4쌍이며 약충은 3쌍이 있다. 알은 공처럼 둥글고 흰색 또는 담황색이며 알에서 부화한 약충은 담색을 띤다.

나. 예찰 및 방제법

점박이응애의 경우 번식력이 매우 왕성하고 세대 기간이 짧아 증식 속도가 매우 빠르므로 발생 초기에 방제하는 것이 중요하다. 발생 초기 해충방제용으로 등록된 친환경 유기농 자재 등을 응애류 등이 발생하는 잎 뒷면 위주로 고루 살포하면 발생 피해를 줄일 수 있다.

진딧물류

가. 생태 및 특징

조팝나무진딧물

신초에 발생한 진딧물

진딧물 발생 피해

진딧물 발생 후 신초 피해

그림 8-16. 블루베리에서 발생한 진딧물과 피해 증상

군집을 이루어 생활하는 해충으로 흡즙형 구기로 식물을 흡즙하는 광범위성 해충이다. 진딧물(1~2mm)의 피해를 받은 식물체는 성장이 멈추고 순이나 잎이 말리는 증상을 보이게 된다. 진딧물은 식물을 흡즙하면서 다량의 감로를 분비하는데, 이 때문에 그을음병이 유발된다. 또한 바이러스 매개충 역할을 하기도 한다.

발육과 번식 속도가 빨라 시설 내에서는 연간 20여 세대 이상 발생하고 자연 상태에서는 봄가을에 많이 번식하고 여름에 감소한다. 늦가을이 되면 날개가 있는 성충이 겨울 기주로 이동해 알을 낳아 알로 월동하나 시설 내에서는 연중 발생이 가능하다.

대부분의 경우 4월 중하순에 월동 알에서 부화한 간모(날개 없는 성충)가 되면 단위생식으로 번식을 시작하고 5월 하순부터 6월 중순께에 유시충이 나타나 여름 기주인 작물로 이동해 많이 발생하므로 주의해야 한다.

나. 예찰 및 방제법

월동 알들이 부화해 증식하거나 날개가 있는 성충이 시설 내의 작물로 날아와 증식하는 발생 초기에 잘 방제해야 한다. 진딧물을 방제하는 대표적인 친환경 농자재로는 제충국제제, 데리스제제, 님오일제제 등이 있다.

나방류

가. 생태 및 특징

블루베리에 발생해 문제가 될 수 있는 나방류 해충으로는 순나방, 자나방, 쐐기나방, 흰불나방 등 다양한데 주로 어린 순이나 연한 잎들을 가해한다. 대체적으로 5~10월 사이에 2~3회 발생하는 것으로 알려져 있지만 시설 내에서는 일찍 발생(2~4월)할 수도 있다.

주로 작물체의 잎을 가해하는데 잎 뒷면에 알을 20~50개씩 무더기로 낳는다. 부화 후 어린 1~2령 유충들은 잎 주변에서 무리지어 가해하기 시작하며, 3령부터 분산해 잎 뒷면이나 줄기를 가해한다. 특히 쐐기나방의 경우 사람들을 가해하면 많은 고통을 주는 경우가 있으므로 발생한 재배지에서는 반드시 긴소매 옷과 장갑을 착용하고 작업해야 한다.

쐐기나방 유충   쐐기나방 피해   쐐기나방 번데기 고치

주머니나방   주머니나방 피해

잎말이나방 피해   잎말이나방 번데기

블루베리에서 발생한 나방류 피해

그림 8-17. 블루베리에서 발생하는 나방류 종류 및 피해 증상

나. 예찰 및 방제법

잎과 줄기를 가해하는 나방의 경우 노숙 유충 시기까지 방치하면 많은 피해를 유발하므로 어린 유충들이 군집을 이루어 발생하는 초기나 성충들이 발생하기 시작하는 초기에 즉시 방제해야 한다. 알에서 깨어나 잎을 말아 들어가거나 숨기 전에 약제를 살포하는 것이 효과적이다.

물리적 방제로는 방충망 및 해충 포집기 설치를 통한 방제를 들 수 있으며, 친환경 농자재에 의한 방제로는 살충력 검정을 통해 선발된 우수 농자재를 이용한 직접 살포 방제를 들 수 있다. 시설 비가림재배의 경우에는 측창 및 출입문에 방충망 처리를 하여 외부에서 유입되는 나방들을 차단해야 밀도를 줄일 수 있다.

물리적 방제와 함께 친환경 농자재를 살포함으로써 더욱 효과적인 방제가 가능하다. 무농약재배 시설 작물의 나방류 방제를 위한 대표적인 친환경 농자재의 주성분은 제충국제제, 고삼제제 및 님오일제제와 같은 천연식물제제, 곤충병원성 곰팡이 *Bacillus*와 속 미생물제제 등이 있다.

노린재류

가. 생태 및 특징

노린재는 대개 휴면 중인 식물 눈의 인편 틈 등에서 알로 월동하고 이듬해 봄에 신초가 발아할 때부터 전엽기에 피해를 준다. 부화한 약충은 신초 끝부분에 있는 잎을 가해하다가 과실 비대 시기에 과실을 가해해 상품성을 떨어뜨린다.

1세대 성충은 5월 하순~6월 상순, 2세대 성충은 6월 하순~7월 중순, 3세대 성충은 8월 중순에 나타난다. 8월 중순 이후에 1~2세대가 더 발생하는 것으로 추정된다.

성충과 약충이 잎을 흡즙하는데, 주로 어린 잎을 흡즙하기 때문에 피해 잎은 발육이 불량해지거나 위축되고 기형화된다. 과실이 열리는 시기에 흡즙해 기형과를 발생하기도 하는데, 흡즙 시기에 따라 피해 증상이 다르다.

| 알락수염노린재 및 산란 | 갈색날개노린재 | 노린재에 의한 잎과 과실의 피해 |

그림 8-18. 노린재와 블루베리에서 피해 모습

나. 예찰 및 방제법

예찰 트랩이나 주기적인 육안 조사를 통해 방제 적기를 설정한다. 톱다리개미
허리노린재 유인용 트랩 등이 상용화돼 있다.

딱정벌레

가. 생태 및 특징

풍뎅이류, 잎벌레류, 메뚜기나 여치류 등 주로 어린 순과 과실을 가해하는 종
들과 나무좀, 방아벌레류 등 줄기를 가해하는 종들이 있다. 풍뎅이에는 왕풍뎅
이, 다색풍뎅이, 애풍뎅이 등이 알려져 있다.

그림 8-19. 풍뎅이류에 의한 신초 및 꽃눈 피해

일부 풍뎅이의 경우 유충(굼벵이)이 뿌리를 가해해 피해를 주며 성충이 개화기에 꽃잎
을 갉아먹거나 어린 잎 또는 과실 비대기나 성숙기에 상처 난 과실을 식해한다. 풍뎅이

성충이 꽃에 모여 꽃잎과 암수술을 먹고 자방에 흠을 내어 자국을 남기기도 한다.

유기물이 많은 유기농재배지에는 풍뎅이 유충인 굼벵이의 발생이 많다. 또한 이로 인해 토양 속 굼벵이를 포식하려는 두더지들이 모여 들기도 한다.

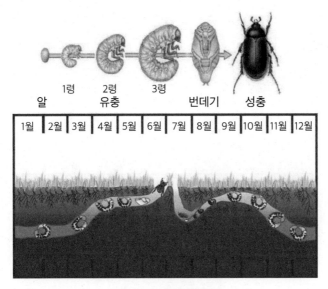

1령   2령   3령
알   유충   번데기 성충

| 1월 | 2월 | 3월 | 4월 | 5월 | 6월 | 7월 | 8월 | 9월 | 10월 | 11월 | 12월 |

그림 8-20. 풍뎅이의 일생

일부 딱정벌레 유충과 성충은 수간의 목질부에 구멍을 뚫고 식해한다. 유충은 목질부의 수피에 위아래로 구멍을 뚫거나 껍질 밑을 테 모양으로 식해해 나무를 말라 죽게 한다. 수세가 약한 나무에 많이 발생하지만 건전한 나무에도 피해를 준다. 피해를 받은 줄기의 표피에는 직경 2~3mm의 구멍을 내므로 발견이 가능하다.

나. 방제법

피해를 본 나무는 수세가 점차 쇠약해지고 결국 고사한다. 피해를 본 가지는 초기에 다른 가지에 오염되지 않도록 격리한다. 이미 줄기 내부에 침입해 있는 것들은 피해 구멍을 찾아 가느다란 철사를 찔러 넣어 죽이고, 피해가 심한 가지는 피해 부위 아래로 충분히 잘라서 제거해야 한다.

일부 풍뎅이의 경우 유인 물질과 트랩 등이 개발돼 있어 성충들을 유인 포획해 장기적으로 발생 밀도를 낮추는 방법도 있다.

그림 8-21. 풍뎅이 유인 트랩 및 포획된 풍뎅이 성충들

딱정벌레류들에 의한 과실과 잎 피해

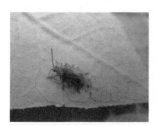

잎벌레류 발생 및 피해 증상

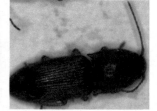

줄기를 가해하는 딱정벌레와 피해

그림 8-22. 딱정벌레류에 의한 피해

깍지벌레

가. 생태 및 특징

줄기나 잎의 앞뒷면에 발생하는데 분비물이 잎 표면에 달라붙고 가해한 부위는 엽록소가 파괴되어 흰색, 연갈색의 반점이 남을 수 있다. 가지의 분기부나 엽병기부에 기생하여 흡즙해 식물체 생장을 위축시킨다.

일반적으로 야외에서 연간 1~2회 이상 발생하며 종령 약충 또는 성충으로 월동한다. 성충은 5월 중순에 산란하며 알은 5월 하순~6월 상순에 부화하나 온실 내에서는 연중 발생할 수도 있다.

나. 방제법

발생 초기 한두 마리가 관찰될 때는 손으로 긁어낼 수 있으나 밀도가 높아지면 수작업이 불가능하다. 전년도에 발생이 심했던 재배지는 이른 봄 새순이 생기기 전에 기계유유제 등을 사용해 월동충의 밀도를 낮추어 주어야 피해를 줄일수 있다. 발생 밀도가 높아 피해가 심한 가지는 잘라서 밀폐한 후 버려야 한다.

기계유유제의 경우 친환경 재배에서 사용이 가능한데, 낙엽이 진 늦가을과 신초가 나기 전 이른 봄 사용하면 월동충의 밀도를 다소 낮출 수 있다. 기계유유제의 경우 신초나 엽이 난 생육 중기에 사용하면 약해가 발생할 가능성이 매우 높아주의해야 한다.

거북밀깍지벌레

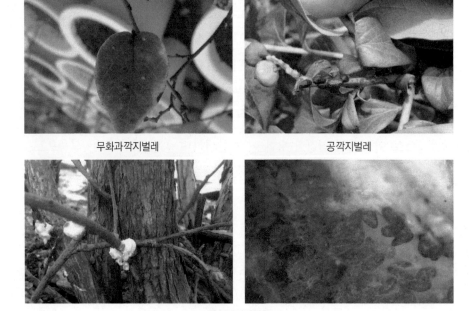

무화과깍지벌레   공깍지벌레

긴솜깍지벌레류

그림 8-23. 블루베리에 발생한 깍지벌레 및 피해

갈색날개매미충

가. 생태 및 특징

최근 일부 노지재배 블루베리를 중심으로 갈색날개매미충에 의한 피해가 확산되고 있다. 갈색날개매미충 성충은 발생 시 식물체를 흡즙하거나 어린나무 줄기 속에 산란해 피해를 유발한다.

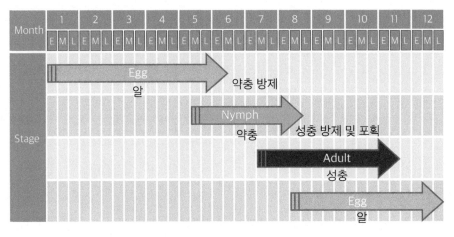

그림 8-24. 갈색날개매미충 생활환(2012, 전남농업기술원)

갈색날개매미충은 줄기 속에 난괴로 월동해 이듬해 봄 5~6월 사이에 부화하며 일정 기간 약충으로 생활하다 7월 이후에 성충으로 활동하면서 기주를 흡즙하며 피해를 유발한다. 갈색날개매미충 성충은 8월 이후 1년생 어린 가지를 중심으로 산란하는데, 일부 노지재배 농가에서는 성충에 의한 흡즙 피해보다는 어린 가지에 산란된 알에 의한 가지 피해가 더 크다.

그림 8-25. 갈색날개매미충 발생 및 산란 피해

나. 방제법

산란한 알들은 나무 가지 속에 파고들어가 있기 때문에 피해를 본 가지에서 산란한 알들이 있는 부분을 오려내 제거하거나 심한 가지들은 밀폐한 후 버려야 한다. 방제는 월동 알들이 부화해 약충이 되는 5~6월 사이에 실시해야 하는데 친환경 농자재로는 고삼 추출물, 데리스 추출물, 님 추출물 등이 방제 효과가 있는 것으로 알려져 있다. 성충은 8~9월 사이에 주변 야산에서 블루베리 재배지로 유입되기 때문에 갈색날개매미충 성충 유입 시기에 예찰을 통한 방제가 이루어져야 효과적이다.

끈끈이트랩을 활용할 경우 노란색이 다른 색깔보다 유인 효과가 월등하기 때문에 황색 끈끈이트랩을 재배지 주변에 설치하는 것이 좋다. 또한 갈색날개매미충이 외부에서 유입되는 재배지 주변부터 황색 끈끈이트랩을 촘촘하게 설치할 경우 대량의 성충 포획 효과가 있어 재배지 내 발생 밀도 조절에 도움을 줄 것으로 보인다.

그림 8-26. 끈끈이트랩에 유인된 갈색날개매미충 성충(설치 시기: 8월 이후)

기타 해충 및 해충 피해 유사 증상

그림 8-27. 귀뚜라미에 의한 블루베리 신초 피해

그림 8-28. 딱정벌레(나무좀류)에 의한 가지 피해

그림 8-29. 나방류에 의한 가지 피해

 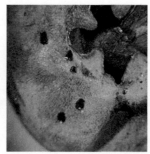 

그림 8-30. 초파리에 의한 과실 피해

  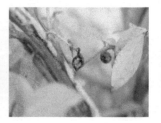

그림 8-31. 조류(새) 및 말벌 등에 의한 과실 피해

블루베리나무를 건전하게 키워 품질이 우수한 과실을 생산하고, 안정된 과원을 경영하기 위해선 첫째로 나무의 특성과 재배 경영상의 특성을 이해하고 있어야 한다. 재배 경영상의 특징은 다음과 같다.

키가 작은 떨기나무(관목)의 낙엽과수다.

나무는 키가 작은 저목성으로 높이는 1.5~3.0m이다. 땅에서 뿌리순이 발생하고 원나무에서는 강한 결과지가 발생해 떨기나무가 된다. 꽃눈은 새로운 가지의 길고 짧음에 관계없이 거의 착생한다. 이 때문에 밀식, 나무 모양, 정지, 전정 방법에 특징이 있다. 나무 키가 낮아 각종 관리 작업이 편리하기 때문에 관리 인건비가 상대적으로 적게 소요된다.

품종에 따라 알맞은 온도 조건이 다르다.

생육에 알맞은 기상 조건, 특히 온도 조건은 종류에 따라 다르다. 하이부시 블루베리의 생육은 복숭아 및 사과재배 지대와 같으며 래빗아이 블루베리의 재배 적지는 하이부시보다도 따뜻한 곳이다.

알맞은 토양 조건이 다르다.

블루베리의 뿌리는 수염 같은 잔뿌리이기 때문에 단단한 토양에서는 생육이 극히 불량해진다. 또 토양 건조에 약하기 때문에 관수가 필요하고 산성 토양에서 생육이 우수하다.

이런 점에서 심는 방법(구덩이 크기, 유기물 혼합), 심은 후 멀칭, 관수, 시비 등이 다른 과수와 크게 다르기 때문에 과원 조성비가 많이 소요된다.

제9장

경영

01 재배 경영상의 특징

결실 연령이 빨라 자본회전이 빠르다.

번식은 꺾꽂이로 한다. 꺾꽂이 모종은 1년생을 심은 경우라도 3년째에는 한 나무 당 150~300g 정도의 과실을 수확할 수 있다. 8년생 정도에 다 자란 성목이 된다.

수확에 노동력이 많이 소요된다.

블루베리 과실은 작아 평균 1.0~1.5g이다. 성목의 평균적인 수량이 4~5kg 정도 가 돼야 10a당 800~1,000kg을 생산할 수 있다.
수확 기간은 길게 1품종에서 3~4주, 1과방에서 3주간 계속된다. 수확은 한 알씩 손으로 따는 작업이기 때문에 노동력이 일시에 많이 필요하다. 이 수확 노력이 재 배면적을 제한하는 가장 큰 요인 중 하나다.

병해충이 적다.

다른 과수와 비교해 나무, 과실에 가해하는 병해충이 비교적 적어 건전한 생육 을 하는 나무에서는 무농약재배가 가능하다. 따라서 건강식품을 선호하는 현 대인의 욕구에 부합하는 과일이라고 할 수 있다.

과실이 부드럽고 유통 기간이 짧다.

블루베리의 과실은 부드럽고 보존 기간이 짧으며, 특히 수확기가 장마기와 겹치게 되면 수확, 출하, 판매 등 제반사항에서 어려움이 발생한다. 따라서 신선과일의 유통 기간이 짧으며 이것이 수입제한 역할을 해 국내 산업을 다소 보호한다.

과실 특성상 성숙기의 기상 조건이 생산의 가장 큰 문제 중 하나이고 이것이 생과 판매를 상당히 어렵게 하고 있다.

과실의 이용 용도가 넓다.

블루베리 과실은 생식 외에 용도가 많아 잼, 주스, 젤리, 케이크, 와인 등으로 가공된다.

02 출하 동향

우리나라 블루베리에 대한 생산량 통계는 아직 공식적으로 조사되지 않았다. 그러나 가락동 서울시농수산식품공사에 출하되는 물량을 분석해보면 대략적인 출하 현황을 알 수 있다. 주로 출하되는 시기는 6월에서 7월까지이며, 2012년은 2011년보다 출하물량이 많아졌고 5월과 6월의 출하 비중이 높아지고 있다. 또한 2013년부터는 블루베리가 연중 출하되었는데 이것은 시설재배 면적이 점점 많아져 출하 시기가 앞당겨지고 있음을 알 수 있게 해 준다. 이러한 추세는 지속될 것이므로 재배 농가는 출하 시기를 자신의 농장 여건에 맞게 조정해 경영할 필요가 있다.

표 9-1. 블루베리 반입물량(t)

구분	1월	2월	3월	4월	5월	6월	7월	8월	9월	10월	11월	12월	계
2014	7	8	3	10	48	187	107	47	6	3	4	4	434
2013	1	0	1	5	26	68	102	12	3	2	4	8	232
2012	–	–	–	1	17	49	26	4	0	–	–	1	98
2011	–	–	–	–	8	29	24	3	0	0	–	–	65

주) 서울시농수산식품공사

표 9-2. 블루베리 주출하 시기의 가격 변화(원/kg)

구분	6월	7월	8월
2015	19,501	14,935	–
2014	30,912	18,378	15,760
2013	28,693	21,516	20,895
2012	29,470	26,428	26,017
2011	40,960	27,303	28,351

주) 서울시농수산식품공사

블루베리의 가격은 재배 면적 증가와 수입량 증가로 2011년도에 비해 가격이 하락하고 있는 추세이다. 2012년 주 출하 시기의 월별 단가는 시설재배 출하 시기인 5월이 56,801원/kg으로 가장 높고 이후 점차 낮아져 7월과 8월은 26,000원대를 형성하고 있다.

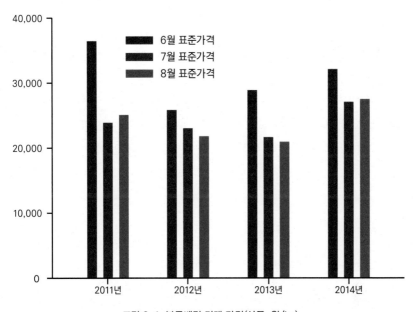

그림 9-1. 블루베리 거래 가격(상품, 원/kg)

주) 서울시농수산식품공사

8월 이후에는 수입산 냉동 블루베리가 주로 유통되고 있고 수입산 신선 블루베리도 유통되고 있어 국내 블루베리 가격이 하락하고 있다. 그러나 품질 등급에 따른 가격 차이가 크기 때문에 국내 과실의 등급별 선별이 잘 지켜진다면 수입산 신선 블루베리와의 경쟁에서도 우위에 있을 것으로 판단된다.

03 수입 동향

전체적인 수입 규모는 수출입 통계상 블루베리가 별도의 항목으로 잡혀 있지 않아 파악이 어렵다. 농림축산검역본부의 수입 검사 실적으로 유추하면, 미국과 칠레로부터의 수입이 많이 이루어지고 있다는 것을 알 수 있다.

냉동 블루베리의 수입 동향

냉동 블루베리는 2012년에 미국산이 25.7%, 칠레산이 5.5%의 관세를 부과했고 칠레산은 2014년에 관세가 철폐되었다. 2018년에 미국산 관세가 철폐되어 수입 단가가 더 낮아지고 수입 물량이 점점 더 많아졌다. 연도별 수입량은 2009년 이전에는 연간 1,000t 이하였으나 건강식품으로 알려지면서 수입량이 급증해 2010년 4,718t에서 2014년에는 약 2.5배가 증가한 12,004t이 수입된 것으로 유추된다. 2014년 국가별 수입량을 보면 칠레산이 5,808t, 미국산이 5,493t 수준으로 대부분을 차지하고 있다.

표 9-3. 주요 3대 수입국가 냉동 블루베리 수입 검사 실적(t)

연도 국가	2005	2006	2007	2008	2009	2010	2011	2012	2013	2014
미국	187	61	101	288	612	3,931	4,632	4,251	4,103	5,493
캐나다	368	89	29	94	95	557	1,601	1,022	1,266	507
프랑스	21	25	33	53	50	47	70	70	–	40
중국	–	65	2	7	42	42	16	4	71	156

연도 국가	2005	2006	2007	2008	2009	2010	2011	2012	2013	2014
칠레	-	-	-	15	15	122	899	2,794	4,665	5,808
기타	18	32	63	-	1	20	86	29	33	-
계	663	217	252	489	812	4,718	7,292	8,139	10,138	12,004

주) 농림축산검역본부

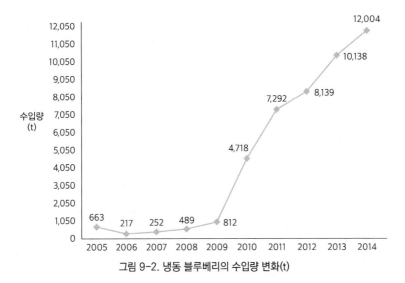

그림 9-2. 냉동 블루베리의 수입량 변화(t)

신선 및 건블루베리(Dried Blueberry) 수입 동향

신선 블루베리는 식물검역상의 문제로 수입이 제한되었으나, 2012년부터 칠레와 미국산이 허용되었다. 미국산은 2012년 수입관세가 40.5%지만 2021년에 완전철폐가 되며, 칠레산은 2012년 8.4%, 2014년에 관세율이 '0'이 되었다. 2012년 신선 블루베리 수입실적은 미국에서 176.9t, 칠레에서 143.3t이며 이는 점차 증가할 것으로 예상된다.

건블루베리(Dried Blueberry)의 수입은 이루어지지 않고 있다가, 2008년에 처음 수입되었다. 건블루베리는 중국 11,665kg, 미국 7,613kg 등 총 19,408kg에 대해 수입 검사가 실시되었다. 이후 점차 증가하여 2011년에는 미국과 칠레로부터 각각 48.8t과 13t이 수입되었다. 그러나 2014년에는 냉동과와 신선 블루베리의 수입량 증가로 건블루베리의 수입량은 9t으로 감소하였다.

표 9-4. 건블루베리 수입실적(t)

국가＼연도	2008	2009	2010	2011	2012	2013	2014
중국	11.7	13.4	8.6	5.9	8.7	2.3	0.8
미국	7.6	0.5	46.4	48.8	15.0	10	8.0
칠레	-	-	-	13.0	6.5	16	-
기타	0.1	0.0	0.0	3.1	0.0	0.4	0.2
계	19.4	13.9	55.1	70.4	30.2	28.7	9.0

주) 농림축산검역본부

묘목 수입

블루베리의 국내 농가 입식이 증가하면서 블루베리 묘목의 수입이 급증하고 있다. 2001년 중국으로부터 350개의 묘목이 수입된 이래 2004년 400개의 묘목이 일본으로부터 수입되었고, 2005년부터는 본격적인 수입이 이루어져 2008년에는 565,000개의 묘목이 수입되었다. 2012년 도입된 블루베리 묘목은 982,000개이며 이 중에서 63.3%가 중국산이고 21.1%는 미국산, 13.6%는 폴란드산이다.

표 9-5. 블루베리 묘목 수입 검사 실적(개)

국가＼연도	2005	2006	2007	2008	2009	2010	2011	2012
중국	240,100	161,650	18,000	298,502	215,500	548,480	2,501,073	621,082
미국	50	4,600	49,882	162,482	94,000	20,400	14,250	207,017
폴란드	-	25,770	70,930	98,040	14,950	122,061	116,550	133,082
일본	7,180	21,130	6,030	5,850	1,635	2,008	5,976	5,280
캐나다	-	9	20,054	-	1,000	-	-	-
기타	-	-	200	-	-	9,750	-	15,470
계	247,330	213,159	170,030	564,874	327,085	702,699	2,637,849	981,931

주) 농림축산검역본부

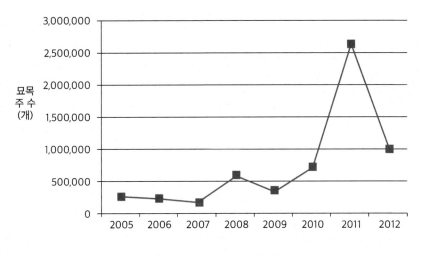

그림 9-3. 블루베리 묘목 수입 추이

04 경영 수익성 분석

과원 조성비

블루베리가 도입 된지 15년이 지나면서 재식환경의 가장 큰 변화는 낮아진 묘목값과 피트모스 의존이 줄어든 것이라 볼 수 있다. 초기 블루베리 개원은 높은 묘목값으로 인해 10a당 약 13,518천 원에 이르렀으나, 이제는 약 7,000~8,000천원 정도로 사과 밀식재배 400만 원, 미국 캘리포니아 사례 (University of California Cooperative Extension, Sample Costs to Establish and Produce Blueberries, 2007)의 700만 원(1$=1,500원 환산시)과 거의 비슷한 수준으로 안정되었음을 알 수 있다. 이는 낮아진 묘목값이 큰 기여를 했다고 볼 수 있다(캘리포니아 묘목 및 식재비를 포함 3.5$/주(5,250원).

표 9-6. 블루베리 과원 조성비(천 원/10a)

비목	금액	비고
묘목비	1,326,000원	2년생(6,000원) × 221(1.5×3.0)
유기자재비용	3,000,000원	토양개량용 우드칩 등(30,000원/m³) × 100m³
멀칭자재	250,000원	1000m²(300평)
관수자재	1,200,000원	점적호스 : 2줄기준, 펌프, 물탱크
위탁 작업비	1,000,000원	중장비
인건비	600,000원	식재 및 토양조성
합계	7,376.000원	

주) 강진구, 블루베리 조성비 사례 조사, 2006.12
방풍 방조망은 별도(방조망은 재식 3년차부터 필요)

수익성

국내 블루베리 도입 초기 수익은 4~7년생에서 10a당 480만 원 이상의 소득을 실현하였다(강진구 등). 10a당 수량은 222kg으로 낮은 상태였으나 kg당 30,000~50,000원의 가격을 받아 고소득 실현이 가능하였다. 그러나 재배 면적 확대로 인해 공급 안정화로 블루베리 가격은 하향 안정화되어 가고 있고, 여기에 최근 수입개방으로 인해 시장의 경쟁은 한층 더 심화되고 있다. 따라서 낮아진 가격을 보상하기 위한 최선의 방법으로 생산량 증대가 절실한 형편이다. 최근 좋은 재배 환경을 갖춘 농가들 중에는 한 나무에 5~10kg정도를 생산해내는 농가를 어렵지 않게 찾을 수 있다. 블루베리 신규 입식 농가는 수량 증대와 생산비 절감 노력을 통해 kg당 가격이 10,000~15,000원 범위에서 안정적인 경영을 달성할 수 있는 조건을 갖추어야 할 것이다.

표 9-7. 블루베리 생산량 및 각격에 따른 예상 수익

berry (kg)/10a	블루베리 가격(만 원)								
	0.8	10	15	20	25	30	35	40	45
100	38	58	108	158	208	258	308	358	408
200	76	116	216	316	416	516	616	716	816
300	113	173	323	473	623	773	923	1,073	1,223
400	151	231	431	631	831	1,031	1,231	1,431	1,631
500	189	289	539	789	1,039	1,289	1,539	1,789	2,039
600	227	347	647	947	1,247	1,547	1,847	2,147	2,447
700	264	404	754	1,104	1,454	1,804	2,154	2,504	2,854
800	302	462	862	1,262	1,662	2,062	2,462	2,862	3,262
900	340	520	970	1,420	1,870	2,320	2,770	3,220	3,670
1,000	378	578	1,078	1,578	2,078	2,578	3,078	3,578	4,078
1,100	415	635	1,185	1,735	2,285	2,835	3,385	3,935	4,485
1,200	453	693	1,293	1,893	2,493	3,093	3,693	4,293	4,893
1,300	491	751	1,401	2,051	2,701	3,351	4,001	4,651	5,301
1,400	529	809	1,509	2,209	2,909	3,609	4,309	5,009	5,709
1,500	567	867	1,617	2,367	3,117	3,867	4,617	5,367	6,117
1,600	604	924	1,724	2,524	3,324	4,124	4,924	5,724	6,524

* 과실 1kg 포장하는데 소요되는 비용은 4,223원으로 계산함(포장관리, 용기구매, 수확인건비 등)
* 포장면적은 300평 기준이며, 재배 관리 비용은 자가영농을 기반으로 함

블루베리 병해충 방제에 등록된 농약과 사용법

갈색날개매미충

약제명	사용적기 및 방법	희석배수	안전사용시기	안전사용횟수
감마사이할로트린 캡슐현탁제	다발생기 경엽처리	2,500배	수확 7일 전	2회
델타메트린 유제	다발생기 경엽처리	1,000배	수확 7일 전	2회
디노테퓨란 입상수화제	다발생기 경엽처리	2,000배	수확 7일 전	2회
디노테퓨란.에토펜프록스 수화제	다발생기 경엽처리	1,000배	수확 7일 전	2회
설폭사플로르 액상수화제	다발생기 경엽처리	2,000배	수확 7일 전	2회
아세타미프리드 수화제	다발생기 경엽처리	2,000배	수확 7일 전	2회
아세타미프리드.노발루론 유제	다발생기 경엽처리	2,000배	수확 7일 전	2회
아세타미프리드.비펜트린 입상수화제	다발생기 경엽처리	2,000배	수확 7일 전	2회
에토펜프록스 유제	다발생기 경엽처리	1,000배	수확 7일 전	2회

갈색무늬병

약제명	사용적기 및 방법	희석배수	안전사용시기	안전사용횟수
사이프로디닐 입상수화제	발병 초기 10일 간격 경엽처리	2,000배	수확 3일 전	3회
이프로디온 수화제	발병 초기 10일 간격 경엽처리	1,000배	수확 3일 전	3회
티오파네이트메틸 수화제	발병 초기 10일 간격 경엽처리	1,000배	수확 7일 전	3회
프로피네브 수화제	발병 초기 경엽처리	500배	수확 3일 전	2회
피라클로스트로빈 입상수화제	발병 초기 10일 간격 경엽처리	3,000배	수확 7일 전	2회

거북밀깍지벌레

약제명	사용적기 및 방법	희석배수	안전사용시기	안전사용횟수
스피로테트라맷 액상수화제	다발생기 경엽처리	2,000배	수확 14일 전	1회
아세타미프리드 수화제	다발생기 경엽처리	2,000배	수확 7일 전	2회
플루피라디퓨론 액제	다발생기 경엽처리	2,000배	수확 7일 전	2회
피리플루퀴나존 입상수화제	다발생기 경엽처리	2,000배	수확 7일 전	2회

곰팡이류

약제명	사용적기 및 방법	희석배수	안전사용시기	안전사용횟수
이미녹타딘트리스알베실레이트 수화제	발병 초기 경엽처리	1,000배	수확 30일 전	1회

깍지벌레류

약제명	사용적기 및 방법	희석배수	안전사용시기	안전사용횟수
뷰프로페진.클로티아니딘 액상수화제	발생 초기 경엽처리	2,000배	수확 30일 전	1회
뷰프로페진.티아클로프리드 액상수화제	발생 초기 경엽처리	2,000배	수확 30일 전	1회

꽃노랑총채벌레

약제명	사용적기 및 방법	희석배수	안전사용시기	안전사용횟수
스피네토람 액상수화제	발생 초기 7일 간격 경엽처리	2,000배	수확 7일 전	2회
아세타미프리드 수화제	발생 초기 7일 간격 경엽처리	2,000배	수확 7일 전	2회
에마멕틴벤조에이트 유제	발생 초기 7일 간격 경엽처리	2,000배	수확 7일 전	2회
클로르페나피르 유제	발생 초기 7일 간격 경엽처리	1,000배	수확 7일 전	2회

나방류

약제명	사용적기 및 방법	희석배수	안전사용시기	안전사용횟수
이미다클로프리드 액상수화제	다발생기 경엽처리	2,000배	수확 30일 전	1회

노랑쐐기나방

약제명	사용적기 및 방법	희석배수	안전사용시기	안전사용횟수
노발루론 액상수화제	유충 다발생기 경엽처리	2,000배	수확 3일 전	2회
메톡시페노자이드 수화제	유충 다발생기	1,000배	수확 7일 전	2회
에마멕틴벤조에이트 유제	유충 다발생기 경엽처리	2,000배	수확 7일 전	2회
클로란트라닐리프롤 입상수화제	유충 다발생기 경엽처리	2,000배	수확 7일 전	2회

눈마름병

약제명	사용적기 및 방법	희석배수	안전사용시기	안전사용횟수
플루디옥소닐 액상수화제	발병 초기 경엽처리	2,000배	수확 7일 전	3회

담배가루이

약제명	사용적기 및 방법	희석배수	안전사용시기	안전사용횟수
사이안트라닐리프롤 유상수화제	발생 초기 경엽처리	2,000배	수확 3일 전	2회
플루피라디퓨론 액제	발생 초기 7일 간격 경엽처리	2,000배	수확 7일 전	2회
피리플루퀴나존 입상수화제	발생 초기 경엽처리	2,000배	수확 7일 전	2회

무궁화잎밤나방

약제명	사용적기 및 방법	희석배수	안전사용시기	안전사용횟수
에마멕틴벤조에이트 유제	다발생기 경엽처리	2,000배	수확 7일 전	2회

미국흰불나방

약제명	사용적기 및 방법	희석배수	안전사용시기	안전사용횟수
노발루론 액상수화제	발생 초기 경엽처리	2,000배	수확 3일 전	2회
메타플루미존 유제	발생 초기 경엽처리	2,000배	수확 3일 전	2회
메톡시페노자이드 액상수화제	발생 초기 경엽처리	4,000배	수확 7일 전	2회
아세타미프리드 수화제	발생 초기 7일 간격 경엽처리	2,000배	수확 7일 전	2회
에마멕틴벤조에이트 유제	발생 초기 경엽처리	2,000배	수확 7일 전	2회
에토펜프록스 유제	발생 초기 경엽처리	1,000배	수확 7일 전	2회
인독사카브 수화제	발생 초기 경엽처리	2,000배	수확 7일 전	1회
클로란트라닐리프롤 입상수화제	발생 초기 7일 간격 경엽처리	2,000배	수확 7일 전	2회

볼록총채벌레

약제명	사용적기 및 방법	희석배수	안전사용시기	안전사용횟수
아바멕틴.설폭사플로르 액상수화제	발생 초기 7일 간격 2회 경엽처리	2,000배	수확 7일 전	2회
아바멕틴.클로란트라닐리프롤 액상수화제	발생 초기 7일 간격 경엽처리	4,000배	수확 2일 전	2회
클로르페나피르 유제	다발생기 경엽처리	2,000배	수확 7일 전	2회

블루베리혹파리

약제명	사용적기 및 방법	희석배수	안전사용시기	안전사용횟수
스피노사드 액상수화제	발생 초기 경엽처리	2,000배	수확 7일 전	2회
클로티아니딘 액상수화제	발생 초기 경엽처리	2,000배	수확 30일 전	1회
티아메톡삼 입상수화제	발생 초기 경엽처리	2,000배	수확 7일 전	2회

애모무늬잎말이나방

약제명	사용적기 및 방법	희석배수	안전사용시기	안전사용횟수
델타메트린 유제	다발생기 경엽처리	1,000배	수확 7일 전	2회
메타플루미존 유제	다발생기 경엽처리	2,000배	수확 30일 전	2회
메톡시페노자이드 수화제	발생 초기 경엽처리	1,000배	수확 7일 전	2회
비티쿠르스타키 수화제	발생 초기 경엽처리	1,000배	-	-
아바멕틴.설폭사플로르 액상수화제	발생 초기 경엽처리	2,000배	수확 7일 전	2회
아바멕틴.클로란트라닐리프롤 액상수화제	발생 초기 경엽처리	4,000배	수확 2일 전	2회
에마멕틴벤조에이트 유제	발생 초기 경엽처리	2,000배	수확 7일 전	2회
인독사카브 수화제	발생 초기 경엽처리	2,000배	수확 7일 전	1회
클로란트라닐리프롤 입상수화제	발생 초기 경엽처리	2,000배	수확 7일 전	2회
피리달릴 유탁제	다발생기 경엽처리	1,000배	수확 30일 전	1회

역병

약제명	사용적기 및 방법	희석배수	안전사용시기	안전사용횟수
디메토모르프 액상수화제	발병 초기 경엽처리	1,000배	수확 30일 전	1회
사이아조파미드 액상수화제	발병 초기 경엽처리	2,000배	수확 30일 전	1회
아족시스트로빈 수화제	발병 초기 경엽처리	1,000배	수확 30일 전	1회
피카뷰트라족스 액상수화제	발병 초기 경엽처리	1,000배	수확 45일 전	1회

일년생 잡초

약제명	사용적기 및 방법	희석배수	안전사용시기	안전사용횟수
나프로파미드 수화제	잡초 발아 전 토양처리	300g/10a	-	-
시마진 수화제	잡초 발아 전 토양처리	200g/10a	-	-
펜디메탈린 유제	잡초 발아 전 토양처리	200mL/10a	-	-

잎말이나방류

약제명	사용적기 및 방법	희석배수	안전사용시기	안전사용횟수
클로란트라닐리프롤 수화제	다발생기 경엽처리	2,000배	수확 30일 전	1회

잿빛곰팡이병

약제명	사용적기 및 방법	희석배수	안전사용시기	안전사용횟수
보스칼륨드.플루디옥소닐 액상수화제	발병 초기 경엽처리	1,000배	수확 30일 전	1회
티오파네이트메틸 수화제	발병 초기 7일 간격 경엽처리	1,000배	수확 7일 전	3회
펜피라자민 액상수화제	발병 초기 경엽처리	1,000배	수확 30일 전	1회
펜헥사미드 수화제	발병 초기 7일 간격 경엽처리	1,000배	수확 3일 전	3회
플루디옥소닐 액상수화제	발병 초기 7일 간격 경엽처리	2,000배	수확 7일 전	3회

점박이응애

약제명	사용적기 및 방법	희석배수	안전사용시기	안전사용횟수
아바멕틴.설폭사플로르 액상수화제	한 잎당 2~3마리 발생 시 경엽처리	2,000배	수확 7일 전	2회
아바멕틴.클로란트라닐리프롤 액상수화제	한 잎당 2~3마리 발생 시 경엽처리	4,000배	수확 2일 전	2회

조팝나무진딧물

약제명	사용적기 및 방법	희석배수	안전사용시기	안전사용횟수
스피로테트라맷 액상수화제	다발생기 경엽처리	2,000배	수확 14일 전	1회
아세타미프리드 수화제	다발생기 경엽처리	2,000배	수확 7일 전	2회
티아클로프리드 액상수화제	다발생기 경엽처리	2,000배	수확 3일 전	2회
플로니카미드 입상수화제	다발생기 경엽처리	2,000배	수확 7일 전	2회

줄기썩음병

약제명	사용적기 및 방법	희석배수	안전사용시기	안전사용횟수
디티아논 수화제	발병 초기 경엽처리	1,000배	수확 45일 전	1회
디페노코나졸 수화제	발병 초기 경엽처리	2,000배	수확 30일 전	1회
비터타놀 수화제	발병 초기 경엽처리	1,000배	수확 30일 전	1회
이미녹타딘트리스알베실레이트 수화제	발병 초기 경엽처리	2,000배	수확 30일 전	1회
피라클로스트로빈 액상수화제	발병 초기 경엽처리	2,000배	수확 30일 전	1회

진딧물류

약제명	사용적기 및 방법	희석배수	안전사용시기	안전사용횟수
설폭사플로르 액상수화제	다발생기 경엽처리	2,000배	수확 7일 전	2회
티아클로프리드 액상수화제	다발생기 경엽처리	2,000배	수확 30일 전	1회

총채벌레류

약제명	사용적기 및 방법	희석배수	안전사용시기	안전사용횟수
클로르페나피르 유제	다발생기 경엽처리	2,000배	수확 7일 전	2회

탄저병

약제명	사용적기 및 방법	희석배수	안전사용시기	안전사용횟수
디메토모르프.피라클로스트로빈 액상수화제	발병 초기 10일 간격 경엽처리	2,000배	수확 7일 전	3회
디티아논 수화제	발병 초기 경엽처리	1,000배	수확 45일 전	1회
디티아논 입상수화제	발병 초기 경엽처리	1,500배	수확 45일 전	1회
디페노코나졸 수화제	발병 초기 경엽처리	2,000배	수확 30일 전	1회
디페노코나졸 입상수화제	발병 초기 경엽처리	2,000배	수확 30일 전	1회
아족시스트로빈 액상수화제	발병 초기 경엽처리	2,000배	수확 30일 전	1회
	발병 초기 10일 간격 경엽처리	2,000배	수확 7일 전	3회
크레속심메틸 액상수화제	발병 초기 경엽처리	2,000배	수확 30일 전	1회
테부코나졸 유제	발병 초기 경엽처리	2,000배	수확 30일 전	1회
트리플록시스트로빈 입상수화제	발병 초기 10일 간격 경엽처리	4,000배	수확 7일 전	3회
트리플루미졸 수화제	발병 초기 10일 간격 경엽처리	2,000배	수확 2일 전	3회
프로피네브 수화제	발병 초기 경엽처리	500배	수확 3일 전	2회

흰가루병

약제명	사용적기 및 방법	희석배수	안전사용시기	안전사용횟수
메트라페논 액상수화제	발병 초기 7일 간격 경엽처리	2,000배	수확 7일 전	3회
트리플루미졸 수화제	발병 초기 7일 간격 경엽처리	2,000배	수확 2일 전	3회
펜티오피라드 유제	발병 초기 7일 간격 경엽처리	2,000배	수확 5일 전	3회
플루티아닐 유제	발병 초기 7일 간격 경엽처리	5,000배	수확 3일 전	3회
플룩사피록사드 액상수화제	발병 초기 7일 간격 경엽처리	4,000배	수확 3일 전	3회

누구나 재배할 수 있는 블루베리

1판 1쇄 인쇄 2023년 10월 05일
1판 1쇄 발행 2023년 10월 13일
저   자 국립원예특작과학원
발 행 인 이범만
발 행 처 **21세기사** (제406-2004-00015호)
　　　　　경기도 파주시 산남로 72-16 (10882)
　　　　　Tel. 031-942-7861   Fax. 031-942-7864
　　　　　E-mail : 21cbook@naver.com
　　　　　Home-page : www.21cbook.co.kr
　　　　　ISBN 979-11-6833-088-7

정가 20,000원